U0336892

光 明 城

LUMINOCITY

看见我们的未来

夏铸九 著
Chu-joe Hsia

Representations
of Space

空间再现

断裂与修复

当代史 丛书
胡恒 主编

book series of
On Contemporary
Histories

edited by
Hu Heng

上海·同济大学出版社
TONGJI UNIVERSITY PRESS

总 序

阿根廷作家博尔赫斯写过一篇小说《博闻强记的富内斯》。主人公是一个从马上摔下成了残疾的年轻人。一摔之下,他的头脑"清醒"了,从此可以记住一切发生过的事,看到之前从未发现的事物,他感觉"生活过的十九年仿佛是一场大梦"。某种意义上,这套"当代史"丛书做的事跟这位瘫痪青年有点相像:让被遗忘的事重现,让遗忘的原因重现,让遗忘的意义重现。我们都试着证明,遗忘是不可能的。

不过，我们的"当代史"并非去重启尘封往事；它面对的是进行中的当下——让那些给予我们冲击的、有意义却正在被忘却之事，成为历史。当然，"当下的历史化"不是查漏补缺，也不是赋予对象以某种历史意义就算了事。它是一项历史逻辑的重建工作。我们借由某些特殊的当下（遗忘中的事件）去展开一条历史脉络，串联起这条脉络的是一些或隐或显的历史节点，节点之间的逻辑是当代史要去发掘与建构的。新的历史逻辑、脉络更新了历史的剧情，给予我们新的阅读体验。更重要的是，它还会冲击我们的存在感（记忆之场）。一般而言，探索遗忘之场是艺术家的专属事宜，与常人无关——他们会有意识地去搜寻梦、潜意识这些大脑皮层上的隐晦区域，以此获取创作的灵感。从这个角度来看，当代史研究与艺术创作有着些许相似。写作者需要确信在可见的世界之后还有另一层现实，并且他会动用所有的智慧与知识去呈现。而读者在阅读到这一层新的现实后，也将面临一个问题：是否加入其中，成为一分子？当代史是尚未截止的历史，它的画框一直拉到我们面前。我们对参与与否的选择，会直接影响到当代史的形态、走向，甚至未来。

新的历史逻辑的建立，不是单纯的描述和揭显（诸如挖挖黑历史之类）。它是一项艰难的分析工程。福柯曾在一个访谈里说道："我们应当谦逊地对自己说：哪怕不那么郑重其事，我们生活的时代仍是非常有趣的，它要求分析。而且事实上我们就常常这样问自己——'今天是什么？'"

"今天是什么"这一问可说是"当代史"丛书的题头语。在我们这里，"今天"是遗忘中的当下事件——它是某种内在的结构性冲突的反映，某一力量场失去平衡的"阈限"征兆，它的出现与消失同样迅速，令人深思。对于它，分析需要在三个层面上同时进行。其一，当下事件被遗忘，固然有着此在的原因，但同样与过去有着隐秘关联，这也许是遗忘的更深层的动机。这些或远或近的原因以及它们的相互关系，是分析的第一个层面。其二，遗忘是一种结果，也是一种运行机制。事件发生后，这一机制如何产生、启动、作用于我们身上达到"遗忘"的效果？这是分析的第二个层面。其三，理论上，历史逻辑的建构是多角度、多层面的，也即，分析是无限的。如何控制住分析自身，避免"过度诠释"导致写作的整体性削弱，这是分析的第三个层面。三个层面分别指向分析对象、分析者自身、分析技术。怎样将它们统辖好，是每个当代史研究者都必须研究的课题。

清理"遗忘之场"，建构新的历史逻辑，自检分析技术——这些当代史的工作并无一定之规，会因为写作者的差异而有所不同。但是，无论阿里阿德涅线团滚向何方，最终都需回到对历史本质的定义上来。在我看来，历史本质大体定义于三条轴线：喜剧性、悲剧性、荒诞性。我希望这个系列的写作能够回旋在这三根轴线上。如果某条历史之线在延展于某"本质轴"的同时还能穿行于两者或三者之间，那就再好不过。当然，这项工作并不容易，或许得由多项写作的并置叠加才能达成。

博尔赫斯小说的那位主人公在"清醒"两年后就去世了。这虽然是小说情节，但也给了我一个启示。研究遗忘，打开"遗忘之场"，探寻遗忘的意义，也许是件不无危险的事。至于是伤己还是伤人，以及伤到何种程度，我看都有可能。这是写作者需要提前估量的。估量不是为了回避，而是让写作者做好心理准备来迎接"意外之伤"——在坦然接受之余，甚至可以沿着"伤之痕"更新写作路线与主题。"伤"意味着改变，而改变正是"当代史"的终极目标。

胡恒

目录

第三章

建筑与城市史
关于大学校园　92

第四章

建筑与城市史
专业者与专业教育　144

眼神是想传递某种信息，口舌是很想道出一段言语，
然而（现代建筑师）表露出来的却唯有空洞和沉默。

套用梁文道道长的话，"现代建筑师" 为作者所加。

引自：梁文道，《足球总是充满意外》，发表于《看理想》，2018 年 6 月 28 日。

由于建筑理论的贫乏，道长在香港中大弃建筑而就哲学。

理论辩论

反思都市史

"比较都市史与规划史"
课程阅读书目的导言[1]

一、引言

　　本文为"比较都市史与规划史"一系列阅读书目的导言（课程阅读书目见文末），[2]主要针对1980年之后出版的有关都市史的主要书籍，而非针对每一本书本身的内容，提供在阅读之前需了解的社会与历史脉络。然后，鼓励以"征兆阅读"（lecture symptomale）方式或是经由认识论干预，注意作者的疑旨（problematic）或者说发问角度，并且关注其写作目的与对象——经常，其未言之处正是其认识论建构的要害所在。

二、1980年后百花齐放的都市史写作

相较于20世纪60年代都市史（urban history）研究表现出的学域乐观与"定义都市"的学术自信，20世纪80年代浮现的西方学院中的都市史论述（the discourse of urban histories）可谓呈现出范型转移之后学院中的繁盛局面。20世纪60年代与70年代的都市运动，乃至于1973年之后的经济危机与资本主义城市的危机，都可以说是都市论述（urban discourses）转变的社会根源；学院既有支配性论述瓦解，新马克思主义与新韦伯主义对既有现代主义与实证主义范型的批判，彻底解放了社会科学与人文学，如都市社会学、社会史等的理论思考角度。20世纪80年代后西方学院里的都市史研究可谓百花齐放，展现出旺盛的写作活力。

若是阅读史毕罗·考斯多夫（Kostof，1986）在《设计书评》（*Design Book Review*）期刊中的书评论文"Cities and Turfs"，我们会发现，不同于过去百年建筑史形成时与艺术史共享的美学基础，作为学院里的建筑史重要学者的考斯多夫在这篇书评论文中意有所指地强调，建筑史失去了支配权的"草皮"（turfs，意指"地盘""势力范围"）与制度性诠释的空间[3]，诠释的空间终究来自意义的竞争，既有的学院与学科已经不可能坚持长期不变地依靠放大建筑的尺度来涵盖城市，持续占领都市史的领地。另一方面，挑战保守的形式主义建筑史论述（formalistic approach of architectural history）的认识论预设，也就是为都市史写作清理出宽阔的表现场地，展现出历史写作的活力。[4]

三、社会与文化取向的都市史写作

百花齐放的都市史研究成就具体展现在一些书籍出版上，包括几乎像是新起点的社会与文化取向的都市史，例如：Edward Muir 的 *Civic Ritual in Renaissance Venice*；Mark Girouard 的 *Cities and People: A Social and Architectural History*。

其次，都市史写作本身可以说就是社会与文化取向的。前面提到的建筑史学者史毕罗·考斯多夫，拒绝了过去建筑史论述孤立于社会脉络（social context）与场合（settings）的形式主义风格（style）取向，他分享的是人文主义规划师凯文·林奇（Lynch，1981）的价值取向与同样的理论角度，即都市历史中的形式价值（form values in urban history）。考斯多夫跨越了

过去通史写作的历史叙事，讨论都市形式（urban form）的课题，提出林奇拒绝美国常规的建筑学院里形式主义取向的"都市设计"（urban design），重新界定"城市设计"（city design）取向的历史研究，这就是两本书：《塑形造城——历史的都市模式与意义》（*The City Shaped: Urban Patterns and Meanings Through History*）与《聚众为城——历史的都市形式元素》（*The City Assembled: The Elements of Urban Form Through History*）。它们分别针对都市形式的格子、向心计划、"未经计划"的城市等，以及都市元素的街道、公共空间、城市边界等，探索其背后隐藏的秩序。对美国社会、学院及专业界而言，这两本书基于规范性城市设计理论的历史研究收效甚大，对规划与设计专业者而言是在知识应用方面十分受用的都市史写作。

四、城市的历史开端：作为仪典或礼仪中心

再进一步，若是着重于比较都市史的方法论角度，我们可以深思林奇1981年界定的对都市形式探索的规范性理论的历史开端："最初的城市（cities）崛起即显示出其是仪典或礼仪中心（ceremonial centers）——说明这里是因控制自然的风险而使人类受惠的神圣仪式之地。由这些宗教中心的起源，统治阶级就得以将物质资源与权力再分配，联合起来，让城市成长。在人类权力结构营造的过程中，宇宙秩序、宗教仪式、城市实质的物理形式是维持社会稳定的主要工具——心理优于武器。正是基于一种神奇而一致的理论，方得设计这令人敬畏又着迷的工具。"（Lynch，1981）[73]正是：文化先于战争，德胜于力，以德服人。而都市象征（urban symbolic）正是空间的文化形式（the cultural form of space）的集中展现，也是建筑（architecture）的意义表现。所以，林奇在书中一再指出，中国早期城市不可思议的神奇模型正是此中之佼佼者。注意，这里关乎林奇与考斯多夫共享的核心概念，值得用理论的措辞仔细阐明他们对仪式的场合（ritual setting）的界定，即：对空间的文化形式的感动主要来自身体的经验与时间的记忆，这是生存空间中的生活体验，空间中的不同时间感之营造，其实就是仪式的创造，认识建筑的表现与城市的起源的关键正在于此。最后，相较于纪念性建筑的物本身，仪式的过程是要害所在。在史毕罗·考斯多夫去世之后才出版的最后一本书的结尾，在讨论了都市保存（urban conservation）课题之后，他意味深长地说："在保存与过程之间，过程（process）会有决定性的作用。在最后，都市真理是在流动（flow）之中。"（Kostof，1992）[305]这是我们

在后文中还会碰触到的理论问题。

　　林奇引用的中国早期城市的宇宙模型，主要来自芝加哥大学历史学与地理学教授保罗·惠特利（Paul Wheatley）早在1971年即已出版的跨学域、比较研究角度的精彩著作——《四方之极——古代中国城市起源与特征之初步探讨》（*The Pivot of the Four Quarters: A Preliminary Enquiry into the Origins and Character of the Ancient Chinese City*）。惠特利教授是东南亚、东亚及中国历史地理专家，也是厄文·哈里斯（Irving B. Harris）讲座教授与有名的芝加哥大学社会思想委员会主席（Chairman of the Committee on Social Thought, 1977—1991），于1999年去世。2008年，该书书名略作更动，以两册套书平装出版。

　　保罗·惠特利所研究的商朝城市，是公元前两千年左右独特的青铜文明的所在地，当时这一文明在华北平原星罗棋布网络中的新石器时代文化聚落中浮现。中国古代城市起源的中心地区在伊洛之间，商代都城的夯土城墙包裹着宫城与郭区，宫城与郭城（内城外郭）之内的主要居住者是王族、卜者、手工艺工匠和军士。宫城是城市的中心建筑，分为贵族住所、宫室宗庙和礼仪中心三类，周围农村环绕。惠特利强调城市的浮现是人类社会历史演变过程中的转折点，他从社会结构与组织、政治制度、符号象征等比较历史角度，处理城市起源的课题。"商邑翼翼，四方之极"（《诗经·商颂》），殷墟（安阳）大邑商，商之都城，惠特利认为其作为"礼仪中心"表现了都市象征。都城是"宇宙中枢"（Axis Mundi），其宗法实行继承制，政府结构与王族的宗法结构同构，宗庙具有政治权威。古代国家的统治者通过一系列的宗教仪式和典礼，调和"天地""人神"关系，形成中心权威。所以，礼仪活动是一种将人带入新的"天—人"关系中的宗教性活动，建构符号性感应时空的象征作用。"礼仪中心"是最适合与苍天进行交流的"四方之极"，不只是地理的北向、轴线、对称布局，而且是观念的、社会的。古代城市的宇宙象征性，使得统治者取得了社会向其贡献劳动剩余的正当性，这是认识中国城市起源的关键。同时，宗教礼仪引导与巩固社会阶层化。社会阶层分化，社会组织与社会结构意义上的阶层社会是城市起源的基本动力。所以，在城市起源与古代国家浮现的前夜，礼仪中心是社会的焦点。商代卜者（巫师）是人类社会中第一批不劳而获者。宗教特权上添加了经济特权，诞生了"再分配"制度。从政治结构看，惠特利认可了马克斯·韦伯（Max Weber）的理论，认为商朝的宗法继承制造就了前述的国家的政府结构与王族的宗法结构同构，所以王族宗庙具有政治权威；但是接着惠特利批评了韦伯对城市作为礼仪中心的象征作用的忽视，他认为，在商朝的高级聚落中，必有礼仪中心的存在。这就是中国最初的城市。

即使当时并没有今天所谓的"中国"这个概念范畴，由于惠特利解释中国社会与都市起源的早期形式(the early forms of Chinese society and urban origins)，关系着都市性本质(essence of urbanism, urbanity)的理论建构，我们必须加上在《四方之极》出版后第二年，由同样是英国出身、到美国约翰斯·霍普金斯大学(The Johns Hopkins University)不久，由实证主义转向马克思主义，彻底改变了认识论角度的历史地理学者大卫·哈维(David Harvey)书写的书评论文(1972)。亦可参考《〈四方之极〉一书的简介》(唐晓峰，齐慕实，1984)。关于理论上的讨论，还有：《中国文明起源新探》(苏秉琦，2013)、《中国文明的起源》(夏鼐，2009)、《夷夏先后说》(易华，2012)、《发现石峁古城》(陕西省考古研究院等，2016)、《良渚的国家形态》(赵辉，2017)、《艺术、神话与祭祀：古代中国的政治权威之路》(张光直，2016)。若有更多时间，最好能阅读更专业的考古学论著，其中最重要的是：《美术、神话与祭祀》(张光直，1988)、《中国青铜时代》(张光直，2013a)(尤其是关于初期城市、三代都制、国家起源的几章)。之后，可以再加《中国古代考古学》(张光直，2013b)和《考古学：关于其若干基本概念和理论的再思考》(张光直，2013c)。

首先，哈维的书评从唯物主义角度发问："宗教转型是如何发生的？为何发生？"文章要求注意更难被看见的经济基础的转变，也就是生产方式的转变，而非宗教，决定了古代城市的形成。哈维由马克思有名的《总导言》(或译为《大纲》)，也就是《政治经济学批判(1857—1858年手稿)》(*Grundrisse: Foundations of the Critique of Political Economy*)提供的角度，拒绝后文还会提及的所谓马克思－魏特夫(Marx-Wittfogel)历史逻辑，试图避免马克思自己批评的"天真的经济决定论"(naive economism)的限制。许多后继马克思主义学者将作为社会基础的生产方式与其政治、法律、意识形态、宗教形式的上层结构区分开来。一个唯物主义诠释必须抓住的一点是：基础的转移终究决定了上层结构的变化。上层结构与社会基础之间的关系十分复杂，虽然经济转变不总是带来意识层面的转变，但是新的生产方式形成后，意识形态的转变就尤为必要了。宗教转型将基于互惠经济的原始共产主义平等社会，转变成基于再分配经济的阶层社会，即惠特利所说的实行宗教权威的社会。哈维认为，这种转变的确在都市形式上打下烙印，比如强调神圣和世俗的空间、象征宇宙秩序的符号，等等。所以，从唯物主义角度看，惠特利确实道出了仪式中心的功能角色。

意识形态及其相应的象征主义存在于上层结构，而上层结构的转变最终是由于生产方式的转变造成的。正是在这一点上，哈维反驳了惠特利的观点。都市性需要剩余产品的提取，需要建立一定的制度结构和权威来获取剩余产品。都市中心的职责之一在于调动剩余产品。虽然惠特利也认可社会中阶层的分离是都市性的基本动力，而且也关注到剩余产品的控制权，但是他遗漏了一点：尽管剩余产品总是被调动，但生产剩余产品的人也必须保持在场。换言之，调动剩余产品有一个必要条件，即一个稳定的农民阶层。剩余产品由都市提取的前提是必须保证农民群体极低的迁移率。这种阶层的稳定性可以通过投射在礼仪中心上的宗教图景得到解释。所以，一种让剩余产品得以调动的生产方式以及再分配经济的出现，才是都市转型的核心。惠特利的大部分证据源于空间形式的差异，他从意识形态和宇宙象征主义的转变来解释都市转型，而没有注意到更难发现的经济基础的转变，这是更难被考古学"看到"的过程。就这一点，哈维直接说明，有意"运用马克思来回击惠特利的黑格尔"（playing Marx to Wheatley's Hegel），而惠特利并没有能驳倒唯物主义的挑战。

由于大量而丰硕的考古成果直接碰触的理论辩论要害关乎中国文明起源的课题，这就值得提出苏秉琦的贡献。苏秉琦指出：必须跳出两个限制思想的怪圈，也就是认识论上的障碍，不能把中国历史简单化了；他提出"满天星斗说""六大区系条块说"，认为中原与周边文化区互动，夏商周是不同文化之间的关系，而非后来认定的正统线性继承关系。以及，早在距今五千年以前地域广阔的星火燎原之势与剧烈的社会变革及分工，突破了原始氏族制度，产生了既根植于公社、又凌驾于公社之上的高一级社会组织形式，红山文化的祭坛、女神庙、积石冢群和成套的玉质礼器，都是早期城邦式的原始国家的表征。同样地，在这个农业分工与社会分化的过程中，诞生了营造工匠。苏秉琦（2013）提出，古国（古文化、古城、古国）—方国—帝国的发展阶段三部曲，原生型、次生型（中原，以夏商周为中心，包括之前的尧、舜，之后的秦，重叠、历史交叉为其特征）、续生型的发展模式三类型，是历史发展的总趋势。

在有关中国文明起源的课题上，夏鼐（2009）主张的中国文明独自发生的观点是最经典的。他以青铜冶铸技术与铜器纹饰、甲骨文字结构、陶器形制与花纹、玉器制法与纹饰等特征说明其非外来性。

然而，年轻的易华（2012）立足于早期东亚文明演变动态与开放的提纲，却提出了有突破性的创新之见，即"夷夏东西说"。东亚原生土著夷，创造了石器时代定居的农业文化，属蒙古人种，可能来自南亚；夏或戎狄西来，引进了青铜时代游牧文化，属印欧人种，来自中亚。汉族的历史则是夷夏结合的历史，尧舜与炎黄非出于一系，而是东亚与内亚在中原地区交汇的结果。尧舜是农耕玉石崇文尚礼讲禅让的夷人传说，炎黄是青铜游牧力量尚武讲革命的夏人故事。前者，本土土著原生的石器、陶器、水稻、粟、猪、狗、鸡、半地穴或干栏结构住宅、土坑葬、玉器等定居文化要素在东亚可以上溯至八千年前甚至万年前。后者，青铜、小麦、黄牛、绵羊、马、火葬、金器等游牧文化有关要素一般不早于四千年前。距今四千年前后，这两股力量在丝绸之路与黄河流域反复互动，最后结成金玉之缘的中国文明之原型（prototype）。所以，陶寺是东亚玉帛古国时代的绝响，二里头是青铜时代的新强权核心。易华在考古学物质文化与历史学文献材料中出入，建构了"二元合成说"，张海洋指出这正是"非彼无我，非我无所取"（《庄子·齐物论》）文化认同的关键。于是，华夏则是需要夷汉共有、共享、共治的"天下公器"。[5]

赵荣说得对，"见物不见人"是现代考古学难以规避的短板，正因为如此，2017年的都市史阅读似乎要加上《发现石峁古城》（陕西省考古研究院等，2016），以及需要亲临陕西神木县石峁遗址现场体验。

2011—2012年，陕西考古工作者在神木高家堡镇发现了由"皇城台"、内城、外郭三部分构成的石砌城垣，城内密集分布着大量宫殿建筑、房址、墓葬、手工业作坊等遗迹。石峁城址初建于距今4300年前后，沿用至距今3800年前后，也就是龙山时代中晚期至夏代早期之间，其系中国公元前2000年前后规模最大的城址。它处于中国早期文明形成的关键阶段，对于进一步理解东亚及东北亚早期国家的起源与发展过程具有重要意义。石峁城址已经跨入了早期城市形成时期邦国都邑的行列，对于重新描绘早于公元前2300年的华夏沃土上"邦国林立"的社会图景有重要的启示意义（陕西省考古研究院等，2016；2017）。

皇城台，内城外郭，藏玉于石，玉门瑶台，高级建筑大型宫殿就已经开始用九级阶台与中轴线空间，伴以夏至日出时间，共同彰显的是黄帝都邑吗？[6]

这个最初城市的崛起与东亚早期国家的形成，就已经显示出这里是礼仪的中心：先人透过营造来关照和安顿人居的状态，借由物的集结，意义的集中表现，以仪典场合来彰显人自身的存在与都城起源的神圣性。人通过营造集结了物，形成被人关照的空间，物的集结也建立了人与空间的关系，人也被空间养育与庇护，保存是再现与表征的空间（representational space），我们要如何才能再现这种能让今天的使用者与市民们感受得到的、象征性的、整体的地方感与历史场域感呢？石峁皇城台是黄土高原地景上的石砌城垣，不是出土的兵马俑，它需要有条件以木栈道规范参访者的流线与活动，营造"前不见古人，后不见来者"，天地悠悠的历史场域感，这是对保存专业所需的设计能力的挑战。

既然我们提到地景保存再现历史场域象征性的重要性，以及，假如陕西皇城台展现的有可能是黄帝都邑的话，那么就应该一提在 2018 年正式申请世界文化遗产的、有可能是蚩尤都邑的浙江余杭区良渚镇良渚遗址群，即良渚文化中心的良渚古城。新石器时代晚期长江下游一带继马家浜－崧泽文化之后兴起的是良渚文化，主要分布在钱塘江流域，南抵浙西盆地，西北至江苏常州一带。据碳 -14 测定，其年代约为公元前 3300—前 2200 年，其末期已是中原夏王朝统治的开始阶段，与夏代统治集团有密切的联系。[7] 位于良渚遗址核心区域的一座 290 多万平方米的 5000 年前的古城，是长江中下游地区同时代中国最大的良渚文化时期的城址，也是至今所发现的在安徽含山凌家滩部落聚落遗址所显示在 5500 年前就出现了的早期城市基础上的城市与国家。[8]

良渚遗址位于杭州城北 18 公里处余杭区良渚镇，发现于 1936 年，这里是新石器时代晚期人类聚居的地方。出土的石器有镰、镞、矛、穿孔斧、穿孔刀等，磨制精致，特别是石犁和耘田器的使用，说明当时已进入犁耕阶段。距今 5300 ～ 4000 年的良渚遗址区内有一座面积 290万平方米的古城，其年代不晚于良渚文化晚期。这是长江中下游地区首次发现的良渚文化时期的城址，也是至今所发现的同时代中国最大的城址。当时"良渚"势力占据了半个中国，良渚古城相当于良渚文化的都城，甚至有专家认为中国朝代的断代应从此改写：最早朝代由现在认为的夏、商、周，改成良渚。良渚古城东西长 1500 ～ 1700 米，南北长 1800 ～ 1900 米，略呈圆角长方形，正南北方向。城墙部分地段残高 4 米多，底部先垫石块，宽度达 40 ～ 60 米，上面堆筑纯净的黄土，夯实。西城墙全长约 1000 米，宽 40 ～ 60 米，南连凤山，北接东苕溪。接着南城墙、北茅屋复原，良渚城墙和东城墙依次被发现，同样是底部铺垫石头、大量黄土夯筑；城墙环绕着中间的莫角山遗址。与西城墙相比，其他三面城墙更为考究：铺垫的石头尖锐很多，明显为人工开凿；城墙外侧石头相对较大，越往里越小；堆筑的黄土层中，有时会掺加一层黑色的黏土层，增加城墙防水能力。考古人员推测最先造的是西城墙，等到建其他三面城墙时，经验更为丰富。已经发现的良渚遗址，从其位置、布局及构造来看，当时有宫殿，生活着王和贵族，加上又找到的城墙，相当于良渚时的都城。[9]

这时，阅读赵辉（2017）的论文《良渚的国家形态》就十分必要了。北京大学考古文博学院教授赵辉用类型学方法排比良渚各时期的神人兽面纹，发现它们可能源自崧泽文化玉器上的写实的人物形象。他指出，许多考古学家相信良渚文化的产生并非崧泽文化的自然演进，而是发生过一场重大变革！原本崧泽文化最发达的中心安徽含山凌家滩超大型聚落废弃了，而远在200公里之外的一片泽国之上，人们聚集起来，经过仔细规划设计，良渚城拔地而起。赵辉受戴向明论文的启发，对比中原地区与良渚文化的聚落形态，发现中原地区龙山时代建造了很多城址，但规模类似，似乎意味着群雄并起、竞争激烈的大环境。而长江下游良渚文化的情况不同：它有一个最大的中心——良渚古城，各地虽有自己的地方中心，如上海青浦福泉山、江苏武进寺墩遗址等，但规模与规格远不及良渚古城，甚至至今尚未在这些中心聚落上发现城垣等建筑，从而显示出某种层级性的社会组织结构。赵辉进一步引出中村慎一对各地出土的玉器进行的比较研究，尤其是作为权力象征的玉琮，它们绝大多数是由良渚古城玉工们制作，由良渚的贵族集团派送、馈赠给各地方的，用这样的形式承认或分派给各地贵族的地方区域治权，换取后者对"中央"的认同和政治支持，从而达到对各地实行某种程度的控制。（中村慎一，2003）[61] 玉琮作为权力象征，意味着地方与中央交换的正是古代国家制度的正当性（legitimacy）认同。中村慎一认为，新石器时代晚期以玉为权威象征，社会达成统合，这样的政治体制可以称为"玉王权"。其他地区如湖北石家河、山东两城镇、山西陶寺等面积达数平方公里的中心聚落，都是玉器生产与使用的中心，也都可以认定为"都市"。（中村慎一，2002）（中村慎一，2003）[63-64] 赵辉认为，良渚古城不仅仅是一个连同其"畿内"的城邦国家，并且与其他地方的城邦并举，它和其他地方中心的关系明显地不对等，而我们透过玉琮之类的权力象征物又可把握到，它与这些地方中心保持着政治的、宗教的种种联系，而且或许是某种程度的隶属关系，并借此把整个良渚社会组织成了一个整体。整个良渚社会存在着一个以良渚古城为中心的"中央"联系着各个"地方"中心的网络结构。因此，早期文明中的良渚，在古代国家类型中是比较接近地域国家或是领土国家（territorial state），而不是城邦国家（city state）。这也就是说，玉琮，"苍璧礼天，黄琮礼地""天圆地方"形式的玉琮，是信仰偶像权力空间的再现，而良渚古城，则是地域国家的再现空间，也是最大城市的"都市空间"，我们会在后文里再进一步阐述它的作用与意义。

由于古代国家的出现与城市的性质是早期都市史发问的要害，我们再回到前面论述的线索——有关中国文明起源的辩论。由于中国早期文明，也就是三代，城市的浮现、都市的性质，可以说是中国文明的核心课题，张光直的人类学化之后的考古学角度提出了不同的诠释，以及更深的文明起源的理论含义。由于青铜时代考古出土的农具远少于石木骨材，青铜大量用于兵工具礼食器具，作为国家事务，是为"国之大事，在祀与戎"（《左传·成公十三年》），和对稀缺资源（铜、锡、铅、盐等矿产）的控制与领域扩张直接相关。聚落模式（settlement patterns）与其空间轮廓（spatial configuration）的材料、工艺品、巫卜文献结合之后，张光直指出，父系氏族制度（及其社会组织的以农业生产作为物质条件的聚落）的等级差别、暴力活动（氏族与战争）、财富积累（农业生产力提升与剩余集中），不在于生产技术的巨大进步与土地资源的争夺〔作者注：这部分还是可以争论的，尤其关乎戈登·柴尔德（Gordon Childe）提出的生产技术与贸易活动的都市革命意义是关键所在〕，农业村落中的村落裂变与宗族分支，在三代时期，古代中国政治体系的形态已经明确，即已有少量的国家出现。这也就是说，文明（civilization）、都市性（urbanism, urbanity, cityness, 或者说，城市的本质）、国家（state）三者之间存在着等式关系，而政治权力是关键所在。这就是三代时期的社会分工、组织暴力所形构的政治体系。张光直明确指出，文明是物质财富集中的表现，也是政治权威崛起的结果与必要条件。空间，再现了权力的层级性，新的政治单位浮现，城邑分化，都城出现，也就是国家出现。从夯土祭台、礼仪中心、各种艺术形式、礼乐器物文饰到祭典、占卜等，由禹的九鼎象征到启的夏台，此时，资源集中通过政治手段完成；道德权威与哲学，统治权的正当性，以至于"天命"、统治者施政得失与俭奢行为，建构了古代国家的正当性。所以，公元前三千纪，在都市群落（urban settlements）中的方国与中心城市（city）的国家中，最高级的城市——都城（capital city）诞生了，这也是国家（state）出现的历史过程。简言之，在理论意义上，这是中国早期城市的本质，三代城市的胚胎。作为政治中心，都城是城市的原型，城邑之中的最高级形式。进一步，作为国家的起源，这不就是秦汉之后中华"帝国"的真正胚胎吗？中文里"城市"一词的界定，尤其在早期，城才是关键，这足以区分东西文明。

然而，张光直的理论意图远不止于此，他思考人类文明的起源，进一步抽象，质疑西方理论的根源。他根据1949年之后丰富的考古材料，尤其是有关三代的考古材料指出，18世纪末古典经济学家对东方的解释，由卡尔·马克思到马克斯·韦伯到卡尔·魏特夫（Karl Wittfogel），以至于戈登·柴尔德的都市革命，由东方社会（the Oriental Society）、原始公社、农村内部手工艺和农业自给自足、因经济发展而分裂的途径、小社区因战争与宗教崇拜而发展为大型公社联合体，到东方专制主义、世袭制国家（这就是前述保罗·惠特利的商代城市建构）、官僚与异性通婚的氏族的张力（这部分与中国历史的后段关联较大），到水利社会与灌溉文明的关系（由大禹治水到秦都江堰、灵渠、郑国渠等水利工程控制，及农业生产力与农业社会），这是国家权力的有效手段的物质基础，关键仍在于政治权力的体制。张光直指出，三代的考古资料对前者论点的支持其实是远远不够的。

尤其,对于前述马克思、恩格斯、韦伯、柴尔德等关于社会进化和城市、国家兴起的社会科学理论范型而言,中国走向文明之路却像是一个变异的"亚细亚式"类型。这就是西方的二元对立分类范畴——文化(cultural)/自然(natural)、文明/野蛮、都市(urban)/农村(rural)对照的思维基型。张光直指出,这里存在的是"破裂的"与"连续的"两种不同文明起源。一如墨西哥阿兹特克人及都城特诺奇提特兰(Tenochtitlan)与西班牙人欧洲文化之间的对照,前者意味着人与动物间的连续、地与天之间的连续、文化与自然之间的连续。自然是神圣的、有生命的、与人类活动有密切关系的,而人是以参与意识来对待自然与宇宙。所谓"天地与我并生,而万物与我为一"(《庄子·齐物论》)。所以,若是避开东西二元对立的成见,中国的连续性可能是(原来是)世界文明的主要形态,西方文明反而是个例外。(张光直,1986)(张光直,2013a)[498-510]尤其在1970年之后出土的丰富的考古资料基础上,张光直直接质疑明末基督教传教士以及19世纪末20世纪初由西而东的植基于厚重而强大的西方历史的社会科学理论,这是指导社会政治实践、改造世界的理论根源。这被视为近代中国回应西方的根本模型,哈佛学派仅是战后中国研究(China Studies)的一个显例,我们在后面会再提及。为什么一样强大而厚重的中国历史,不能产生中国的理论以指导实践呢?(张光直,2016)[120-128]真是大哉斯言,身在耶鲁与哈佛学院知识殿堂中央的张光直,已经勇敢地提出了理论上的质疑与文明起源新说法的草稿,可惜因为身体的原因,未能完成心愿,完成中国文明乃至世界文明的理论重建工作。

再补充一小点。张光直说,在新石器时代晚期和青铜时代早期,整个社会中沟通凡间与上天联系的角色都被贵族垄断,因此,卡纯卡·莱因哈特(2014)在对偃师商城食性研究的论文中提醒:可在较低等级者的生活范围内寻找与祭祀有关的食物和祭品的证据,推翻祭祀活动只在贵族范围内进行的观点,这能表现出当时的世俗活动。偃师商城祭祀区原来称为大灰沟,因为这里是倾倒生活垃圾的场所,我们不能将垃圾与遗迹遗物弄混了,用现代观念中的无用东西去理解以前社会的遗迹遗物。对都市史的研究而言,从最高等级的皇家贵族祭祀到最低等级日常生活或生活墓地等社会领域,都能帮助再现当时的饮食习惯,对处在社会阶层日益分化的商代社会中较低地位阶层的调研,有助于我们理解饮食及其相关的社会分工,因为这是都市生活的空间再现。

本文关注的核心,在于前述聚落模式(settlement patterns)与其空间轮廓(spatial configuration)的阐述部分,张光直由人类学化的考古学角度入手,将物在概念上转化为人,将考古资料转化为人类学的现象。很可惜的是，他虽然看到了玛雅—中国文化的一致性与统一性（张光直，2013b）[2, 498]，却未能回过头来质疑他早期训练的现代考古学学科本身空间观的认识论根源，即牛顿哲学的物理学认识论限制。[10] 换句话说，对于物的拜物教必须被对过程的认识来取代——他若这样做了的话，或许就更可能在理论上产生进一步的建树与突破吧？由于古代农业生产方式下的城邦网络中的都城节点作为创新的中心，会生产出一种属于它专有的特定空间，其空间实践创造自身的空间，即，空间的社会生产（social production of space）。以下我们以平王迁都洛阳，天下之中，"宅兹中国"（何尊铭文）作为实例来解释。

　　当西周在西北外族因干旱而向镐京（长安西北）迁移，加上封建割据，幽王烽火戏诸侯之后，平王东迁洛阳（何尊铭文，第一次出现"中国"）。此时封建帝国"王权下降"，无力自保，"仰赖诸侯"，春秋开始。春秋五霸，齐桓公"尊王攘夷"，"争夺霸权"。这是真实的空间：迁都洛阳，五霸七雄开始。

　　于是，当国之疆域（空间领域）变化，迁都洛阳，天下之中，"宅兹中国"，武力霸权与文化霸权（领导权）的关系中，建构了一种空间化的过程，正是空间的社会生产。"中国"的疆域空间化与文化领导权建构密切关联，内外、华夷、我他，这是我族与文化中心主义建构的空间化，这是空间的再现与表征（representations of space），也是文化的创新与突破。

　　进一步，中央、中国、中原、五岳〔山神崇敬、帝王封禅（在秦汉时制度化）（道教继承），受命于天，定鼎中原（夏）……夏商四方，地方神明、社稷（《周礼·春官大宗伯》），战国五行观点……〕，天圆地方宇宙观，天下。这是再现与表征的空间（representational space），也是象征的表现。

　　所以，在古代帝国的历史开始建构之时，文化就是有魅力的领导权建构，所谓"以德服人，心悦诚服"（《孟子·公孙丑章句上》）与"泽被远方""仁者无敌"（《孟子·梁惠王下》），都是此意。文化（人文化成）建构，文化整合作用，融合同化，华夏；以及，不断扩大的天下世界，大同，即，没有边界的天下，这就是空间的社会生产。

　　或许，这就是为什么在保罗·惠特利的《四方之极》与张光直的《艺术、神话与祭祀：古代中国的政治权威之路》之后，我们无论如何不能不进一步阅读陆威仪（Mark Edward Lewis）的《早期中国的空间建构》（2006）与申茨（Alfred Schinz）的《幻方》（1996）。关于清代台北省城，中国最后一个风水城市，申茨在1977年另有德文专文发表。

　　尤其是陆威仪的《早期中国的空间建构》，由质疑空间（space）理论概念开篇，拒绝牛顿物理学的绝对的、连续性的、可接纳物质客体的空间，以及康德的纯粹感觉直观的形式、形式上先验的主体意识条件；这也就是说，按前者，空间成为一绝对性的范畴；而按后者，空间则是一心灵场所。空间是事物间的关系，事物间以内 / 外、中心 / 边缘、上 / 下、优 / 劣的相对关系界定了空间。所以，陆威仪指出早期中国人由养心、修身、齐家、营城、治国，形成区域网络，以至平天下，赋予世界以秩序与意义。这也就是说，空间经由人类行动而生产，所以值得从跨文化角度进行研究而具有理论的意涵。（Lewis，2006）[1]这岂不是邀请与亨利·列斐伏尔（Henri Lefebvre）的《空间的生产》（*The Production of Space*）（Lefebvre，1991）对话吗？

    阅读陆威仪的书之前，不妨参考何炳棣《读史阅世六十年》（2014）中的相关文字，了解一下作者史学研究训练的养成与研究工具的掌握。陆威仪系斯坦福大学李国鼎中华文化讲座教授，同时也是卜正民（Timothy Brook）（英属哥伦比亚大学历史系教授）负责主编、哈佛大学出版社出版的前三卷《中华帝国史》（*History od Imperial China*）的作者，即：《早期中华帝国：秦与汉》《分裂的帝国：南北朝》《世界性的帝国》，目前都已有中译本可以参阅。特别是第一卷《早期中华帝国：秦与汉》，说明了"帝国"的中国历史如何根植于前述不能切断的、漫长"非帝国"的先秦溯源。这一段前帝国的史前史，固然不宜再受限于晚清以来疑古学者的成见，也不适宜限制在文献与考古挖掘的简单比附，或者是，因为20世纪70年代后巨量的考古发现而改变了公元前第一千纪的历史书写，而被前述哈佛大学出版社的《中华帝国史》（六卷）或是《剑桥中国史》（*The Cambridge History of China*）（十五卷）视为放弃了的历史写作。然而，这正是日本讲谈社《中国的历史》（十卷）的特色之一。在商王朝早期中国城市与古代国家形成之前，我们都知道初期古代国家的曙光其实已现，这就是夏王朝从之前神话到历史的转变过程，也就是其第一卷《从神话到历史：神话时代　夏王朝》（宫本一夫，2014），可以作为一个东亚研究视野的代表。

五、城市与农业的关系和"城市先于农村"争议
朝向后柴尔德与后沃斯时代转化

    此处必须再次提醒的是，讨论都市史的城市起源问题，必须避免一个认识论陷阱，也就是说，在使用当代都市范畴分析古代城市的萌芽之前，对所分析的都市范畴本身不能照单全

收——它们首先是需要被检验的。这是必要的方法论干预过程。

首先，城市与农业的关系和"城市先于农村"争议相关。目前认为，农业最早起源于三个区域：西亚、东亚、中美洲。张光直在他的理论重构时已经触及了一点中美洲的宇宙观与都城，而前两个则是必须立即处理的区域，我们先讨论东亚。

其实，这就是前述宫本一夫的知识贡献：由东亚史前跨文化考古学比较的视野厘清了神话与历史的关系。宫本一夫提出"非农地带与农业的扩张"和"畜牧型农业社会的出现"，农业以适应各自生态的形式诞生，农业地带顺应着环境变化，与社会变化的阶段一同分别向北、向南扩散，各自产生了向北的"畜牧型农业社会"及其发展型的"游牧社会"，向东水平方向的社会分支，即"农业社会"，以及在其周边的西伯利亚至北极、向南的热带地区形成"狩猎采集社会"。于是，商周文化是南方的文化轴，青铜文化是北方的文化轴，两条文化轴接触的地带生成了新的社会体系的泉源，"其诞生的母胎就是二里头文化期的先商文化彰河型"。最后，在严谨的考古学资料支持之下，宫本一夫（2014）支持饭岛武次与刚村秀典的论点，"二里头文化即夏王朝"，尤其是"二里头的一、二期"，是走向"初期国家、商文化的曙光"。换句话说，中国最早的广域王权国家——二里头国家在夏王朝后期与商王朝前期诞生了；以"宫城＋郭区"布局，这种没有外部郭城的都城，被许宏概括为"大都无城"。这也是三代王朝的传统，"大邑无城墉"。（许宏，2016）

所以，在第八届城市规划历史与理论高级学术研讨会暨中国城市规划学会城市规划历史与理论学术委员会年会会议上，深圳大学建筑与城市规划学院王鲁民（2016）的报告——《"轩城"、广域王朝与帝尧、大禹都城的制作》就发挥了积极的作用。根据王鲁民的说法，新近的考古学资料与遗址以及历史文献，公元前2500年蒙古草原南缘石峁遗址、长江流域良渚遗址和汉水流域石家河城址等史前古城的城垣安排，说明东汉经学家何休所谓的"轩城"与广域王朝的存在与再现，这是"缺南面以受过"的空间表征在真实物理空间形式上的表达。而当时的天子之城，强烈的象征空间的中心性表现，则在与帝尧都城相关的陶寺古城城址，位于山西临汾市西南的襄汾县塔儿山西麓。至于龙山文化末期大禹都城的制作，则在河南登封的王城岗城址。而河南新砦期遗存则是王城岗文化与后来的二里头文化的结合。新砦兴起时，王城岗开始衰落，新砦可视为继王城岗之后的夏人都城。新砦古城，处在中原开阔空间的边缘，新砦与后来的夏代中晚期都城——二里头遗址联系起来，则是夏人从丘陵走向平原历史过程中的一个空间步骤。夏代一朝不见石峁古城那样巨大的城址，在某种程度上是对并不实用的前朝大城做法的纠正，也是人们开始注意到人城之间应该有某种对应关系的表现。禹，作为氏族部落的共主，铸九鼎置于都城核心空间展示，向人们宣扬治水成功后的禹已然构建起世界秩序的贡献，这是"公天下"都城空间的再现，再现了禹作为天下共主的政治性。在象征意义上，正是"九鼎"使夏的都城成为永恒的神圣之城。"国之大事，在祀与戎"（《左传》），在秩序建立过程中，祭祀与征伐是并行的两轮；然而在空间叙事上，祭祀却是建构秩序时更优先的手段。（王鲁民，2016）

在这里需要加上一本新书阅读——王鲁民（2017）的《营国——东汉以前华夏聚落景观规制与秩序》。前文提及的王鲁民结合文献与考古材料的都市史写作，已经可以让我们这样说：从先秦与西周之前的城址虽然还看不出规律性的模型（model），然而已经可以在城市营造上发现某些共同遵循的规则（rules）与类型（types），甚至是模式（patterns），是社会与空间的再现。在"营国"的过程中，国家通过它们，赋予了国家某种实质物理空间的秩序，赋予了国家与其社会生活秩序相应的空间秩序。其实，这就是先秦与西周之前历史中的社会空间的生产，创造其自身的空间，也适合其自身。举例而言，由原初居住与聚落的空间组织，通过对大房子与明堂及轩城的分析，作者发现"尊长之处"与"通神节点"，以至于九鼎居中"神圣之城"的营造，很有贡献。

于是，等待日后考古挖掘（尤其是文字部分）再确认、深化甚至颠覆夏代都城的松散"假说"（hypotheses）可谓呼之欲出，塑造空间形式与结构的松散"论纲"（theses），有助于想象夏代都城空间的再现，有助于开展进一步的经验研究与实务工作：

1. 城市是作为礼仪中心建构过程而浮现的；

2. 城市分化，都城是城邦网络中广域国家的表征性空间，体制之权力展现，也意味着帝国之胚胎初现；

3. 最初都城宫城无郭，空间形式转变为宫城加郭区；

4. 宫城居中，夯土墙内、夯土台基上的宫殿，南北向，宫庙分离，有专门的手工作坊、房屋与穴居、墓葬区域，四条纵横大道为流通路网。

这也就是说，夏的宫城无郭到宫城加郭区的历史过程，展现在大禹伐三苗与治水，农业生产力飞跃的必要条件下，都城却是公天下的"不城"，对照诸侯方国政治网络支持的家天下的宫城与郭区，农业生产剩余的酿酒与酒器，礼与乐，都是夏台礼仪浮现的神圣仪式。启的治国能力，不但继承了禹的正当性，而且展现了体制的权力。这是广域国家的历史突破，也是日后

"帝国"的胚胎。部落联盟选贤与能、平等推举首领"禅让"（推选与夺权并行）之后，由禹至启的历史转化过程，在"带血的斧钺"[11]物质支持之下，统一王权的先行者在夯土夏台的礼仪上出列：都城（阳翟）试行礼仪中心，行钧台之享，四方诸侯，方国盟会，在城邦网络之中"家天下"都城历史开局。能歌善舞，夏后启，"左手操翳，右手操环，佩玉璜"（《山海经·海外西经》），卜者仪式、礼仪、庆典元素、神秘身份、继承王位、确立世系，巩固王权之权力结构。克服自然环境的洪水威胁后，农业生产力提升，在部落联盟的社会组织与结构向私有制社会与世袭国家急剧转变的过程中，部落与中央王室的关系经历巨变，新的血缘宗法关系、政治分封关系、经济贡赋关系终于开启，这难道就是向后世开启的登封启母阙的符码吗？这是以中岳嵩山为神圣中心，夏王朝核心疆域之展开，恭行天，天子论雏形的早期线索。这是前文所述商城都邑，大邑商，城市起源与古代国家诞生的"前夜"："凡邑有宗庙先君之主曰都，无曰邑，邑曰筑，都曰城。"（《左传·庄公二十八年》）这不正是看不到的早期城市（cities）分化为最高级的京城、都城（capital city）的都市（urbanism, urbanity）本质？以及在其下的行政层级，如帝国不同朝代——如西汉州郡县、唐道州县、元省路州（府）县等的权力中心安排。中文中的"城市"（city）一词，是作为城的政治中心与作为市的经济中心的结合。至于中文的"都市"（urban）一词，指涉规模相对较大、也是城市（city）及其最高级的都、都城（capital）和市场（marketplace）、市集、市镇（market town）的结合。不知是什么原因，1949年之后，"都市"这个词似乎在我国大陆使用得不多，在我国台湾却还是常用的词汇，在日本汉字里也一直使用。基于前朝后市的空间布局在日后的发展，尤其是宋以后商品经济的发展，以至于到了明清江南，"市"的物质影响、社会作用、文化价值以及政治张力，已经历史性地超过了政治与行政的"城"了，尤其是在政治权力层级较高、社会与经济活力较繁荣昌盛、市民文化与价值观表现较突出的"都市"措辞上。

这时，杨鸿勋主编（2007）[1-77]的《中国古代居住图典》第二章《夏后氏世室》之前的文字与建筑考古复原图绘，以及他所著的《宫殿考古通论》（杨鸿勋，2009）[1-76]第四章《商都亳的宫城》之前几章的文字与复原图绘，对于我们想象与辨明商以前的空间再现，都是有价值的展现。建筑考古学者敏锐的空间想象，推想已经消失的建成环境，根据营造体制、构造做法、形制与体量比例，尤其是比例正确而笔触动人的徒手速写线条，再现了不确定的确定性意义。相较而言，一些考古复原图绘却是拙劣的计算机图绘，再现的是不准确的表面的"伪装的精确性"，值得特别强调。于是，我们终于得以"看见"二里头的夏都斟鄩，是太康与末代桀先后居住的都城，即二里头遗址 F1 复原的夏王宫主体宫殿"夏后氏世室"在庭院后部中轴线上的大型殿堂。由氏族公社的大房子到黄帝明堂"社"的祖型（杨鸿勋，2009）[1-18]，穿过千年，黄帝合宫是夏后氏世室的大房子的原型，茅茨土阶，单檐四坡顶，前堂后五室，四旁两夹，间架进深，堂三之二，室三之一。这座宫殿的南廊庑中间，设置带东、西塾和内、外塾的穿堂式大门，也奠定了后世至清三千多年宫门的基本形制。（杨鸿勋，2007）[67-77] 至于二里头遗址 F2 复原的宗庙一体建筑，可视为第一座统治者陵墓与宗庙合而为一的实例。它的始建时间为二里头三期，可能是夏晚期的建筑，一直使用到商中期。（杨鸿勋，2009）[35-41]

然后，叙述的线索再回到作为农业最早起源地的三个区域中的西亚。[12] 就是在西亚这个区域，发现了迄今考古发掘最早的城市，引爆了精彩的从柴尔德到后柴尔德时代的争议。

戈登·柴尔德的"新石器时代革命"（Neolithic Revolution）与"都市革命"（Urban Revolution）提法指出了史前两个影响最深远的改变：人类学会种植庄稼，以及国家层面的社会（state-level societies）浮现。（Child，1960）考古学者对西亚的农业、畜牧业和聚落发展的时间序列可以无争论地表列，其中最关键的聚落，若是我们不拘泥于当代芝加哥学派路易斯·沃斯（Louis Wirth）的都市性定义（Wirth，1938）——主要指涉规模、密度及异质性，并将其武断套用的话，目前在土耳其南部安纳托利亚，公元前 7500—前 5700 年（公元前 7000 年为其盛世）的恰塔霍裕克（Çatal Höyük）其实可以被称作一座大型的城市，是迄今出土的最早城市。为何恰塔霍裕克这个新石器时代遗址，这个土耳其语里的"岔路土丘"，地位如此重要？因为这是简·雅各布斯（Jane Jacobs）十分犀利的《城市经济学》一书（1969）中的创新之见——"城市先于农村"提法的有名个案。且不提简·雅各布斯的世界性名声就是建立在 20 世纪 60 年代埋葬现代都市计划论述与纽约都市更新市府推土机的成就基础之上，作为非学科性之母，她的城市经济学文字十分雄辩地拉开了城市与农村既定关系的理论视野，跨出了现代经济学的学究式窄狭心灵，批判亚当·斯密（Adam Smith）自己不能觉察到的神学预设，把《圣经》中的历史转用作经济学的教条，从没有怀疑过对农业起源的发问，即工商业与城市是以农业为基础的说法。简·雅各布斯（1969）的突破性论点，可以说重新注入了经济学经世济民的原有人文能量，敏锐地看到了贸易网络中城市作为节点的都市创新（urban innovations）活力。这个论点在 20 世纪 80 年代的资本主义再结构过程的脉络里，几乎可以说是重新启发了区域发展（regional development）在区域规划领域里的经济学活力。在城市与区域方面，简·雅各布斯对学院的研究与专业的规划影响都十分根本，对于 20 世纪 90 年代的后现代地理学转向也十分关键，成为爱德华·索雅（Edward W. Soja）《后大都会》一书（2000）的理论起点之一，其他譬如彼得·泰勒（Peter Taylor）在《都市与区域研究国际期刊》上的论文（2012）等也是这方面的表现。

可是，该论点也引发了现代考古学者的质疑。以迈克·史密斯（Michael Smith）等为代表的考古学家以年代测定法，列举农业起源时间的考古证据，指出驯化植物和动物的农业在大约一万年前出现，以此作为所谓真实证据，说明在西亚、东亚、中美等区域，农业聚落与农业生产方式的浮现都早于城市至少千年。在恰塔霍裕克之后，美索不达米亚平原的克巴阿法哈（Khirbat al-Fakhar）（约公元前4400—前3900年）、乌鲁克城（Uruk）（约公元前4000年）、泰尔布拉克（Tell Brak）（布拉克丘）（约公元前3900—前3400年）等城市的形成，都晚于农业聚落的形成（Smith M E et al., 2014）。

彼得·泰勒撰文回应称，他对农业起源时间的证据并无异议，但他反驳迈克·史密斯的论点，犀利地指出史密斯关心的是城市性（city-ness）与城市起源的考古学证据的课题。彼得·泰勒认为，真正的关键在于，考古学把城市作为"物"，而没有把城市作为"过程"。简·雅各布斯以新黑曜石（New Obsidian）作为小麦和大麦栽种发源地安纳托利亚台地（Anatolian plateau）上的一个想象的虚拟城市，是在难以获得完整的早期城市考古证据情况下提出的，并不能排除"前美索不达米亚"城市网络存在的可能性。所以，简·雅各布斯的理论并未被完全推翻，它依然是考古学和社会科学从事城市研究的重要议题。泰勒说，争议的焦点在于对聚落（settlements）性质的界定，城市的复杂性导致其与其他类型的聚落具有本质的区别。顺着简·雅各布斯与曼纽尔·卡斯特尔（Castells, 2000）64-66（曼威·柯司特，2000）71-73对城市的论点，泰勒将城市视为一个通过城市网络关系运作的经济发展的过程。这种城市性的过程对于创新与知识传播扩散作用极大，它具有其他聚落无可比拟的传播能力。因此城市成为改变世界的创新之源，例如农业和国家的出现就得益于它。史密斯却认为，考古学上不可用城市性的标准，然而，考古学却经常使用中地理论（central place theory）来研究地方的腹地。更根本的问题在于城市本质（the nature of cities）的课题。泰勒指出，城市性是从相互关系的视角来理解城市，而根据史密斯等人的论述，考古学是用简·雅各布斯（2000）批评的"物"的理论（thing theory）来理解城市，也就是根据内容而非过程来界定城市。史密斯等人采用路易斯·沃斯的都市社会学定义，看见规模、密度和异质性，以及更明显的强调"物"的视角的论述，比如说，美索不达米亚早期城市中具备其他城市不具有的纪念碑式建筑（monument architecture），所以那些没有纪念碑式建筑的遗迹肯定不是城市。于是，美索不达米亚"自然而然"被称为最早的城市。现代考古学对于城市的观点，其实就是本文一开始提到的保守的形式主义的建筑取向观点的再现，但是他们并没有理论上的自觉。泰勒说，简·雅各布斯1969年提出"城市先于农业"理论，是基于1965年英国考古学家詹姆斯·梅拉特（James Mellaart）对恰塔霍裕克的发掘以及他得出的初步结论：恰塔霍裕克可能是最早的城市。恰塔霍裕克的继任挖掘者英国剑桥大学伊恩·霍德（Ian Hodder）则认为，恰塔霍裕克具有"家庭的生产方式"（domestic mode of production）。于是，泰勒结合简·雅各布斯与芝加哥大学人类学家马歇尔·萨林斯（Marshall Sahlins）的《石器时代经济学》（1972）提出"都市世界就是改变世界的地方"（urban worlds as worldchanging places）的观点。接着泰勒指出：简·雅各布斯只说这个聚落是"迄今发现的最早的城市"（earliest city yet found）。所以，争议的关键在于对考古发现的证据的本质挖掘与诠释。（Taylor，2015）这时，现代考古学的实证主义限制就暴露出它的短处：其实聚落的可见性（visibility）或残存性/存活能力（survivability）与城市的起源是同等重要的问题。在争论中，史密斯等人过于关注纪念碑式建筑，而把未发现的城市，尤其是对城市网络中的贸易网络，看得没那么重要。其实，"看不见的建筑"，或是更难被看到的建筑中发生的仪式场合的过程，或者说，考古记录的脆弱性，实际上扩大了研究城市新议题的可能性。由于很可能还有无数个曾经的聚落永远无法找到，在充满未知的情况下，诠释证据最好的策略是对种种断言和主张保持谦虚与谨慎的态度。（Taylor，2015）

争论的最后，史密斯等人的批判文章最大弱点在于以学科之争作为辩论框架，这是知识探寻的致命弱点。他们辩论的基调出于保卫考古学，以免其他学科特别是地理学影响到学科的完整性。史密斯所引用的"传统常识"，即柴尔德在20世纪初提出的史前农业与城市大纲，建立在19世纪的诸多推测上。借鉴伊曼纽尔·沃勒斯坦（Immanuel Wallerstein）的观点，彼得·泰勒提出"后柴尔德"时代，19世纪学科划分的有用性已经走到了尽头，应当被看重的是"非学科性"（indisciplinarity）。这一点尤其适用于对城市的研究，因为对城市的研究难以贴合进当前既有的学科框架。简·雅各布斯以"归纳先于演绎"作风闻名，她的"城市先于农业"理论假说正体现了史密斯等前文中期待的"复杂的、难以建模的非线性过程"（Smith M E et al，2014）。研究城市起源和城市网络的力量，并不是考古证据与社会科学理论的对抗或两者的结合，而是"后柴尔德"时代两者的真正互动，一方面是"后柴尔德"考古学解释城市的形成和国家的形成、其他城市形式、变化中的城市网络和城市演化；另一方面参与"后沃斯"社会科学的城市理论对话，例如城市的集聚、创意竞争以及连接空间等（Taylor，2015），这些我们在后文还会再提起。简·雅各布斯对都市与区域课题的理论创见无须否认，她发问的贡献其实不在于先后之辨，而在于城市与农村的关系促进了发展。除前文提到的阅读资料外，再补加上两本雷蒙·威廉斯（Raymond Williams）涉及城市与乡村的书：《乡村与城市》（*The Country and the City*, 1973）和《关键词：文化与社会的词汇》（*Keywords: A Vocabulary of Culture and Society*, 1976）。

六、村落史研究

或许"城市先于农村"的辩论至少提醒了我们城市与农村之间的复杂互动关系，并促使我们反思简·雅各布斯对刘易斯·芒福德反都市价值的成见，从而觉察到经由都市创新，城市是带动农村与农业经济发展的积极因素。

在中国小农经济的漫长历史中，帝国的皇权依赖郡县制度确立中央与地方政府的关系，而同时乡土中国的民间社会又依赖乡绅自主治理。在纳入世界市场之后，城乡移民过程中的农民工不但为都市化与工业化提供了主要劳动力，在2008—2009年的全球经济危机中，国家又经由城乡再平衡的政策性投资，部分化解了输入型经济危机与都市地区生产过剩危机下的去工业化过程（温铁军，2017a），甚至提出"市民下乡与农业进城"政策，被视为是城乡融合价值观的再现（温铁军，2017b）。于是，在既有的城乡关系中，农民的社会角色由主要的农业生产者转换为制造业的生产者，然而他们却没有被视为市民，不具备享用劳动力再生产过程中都市集体消费的正当性，以至于在2008年全球金融危机的政策回应中，农民被期待在全球经济危机流通与消费领域中担当消费者，他们甚至没有被政策正式对待为失业劳工，返乡农民工是缺乏现代化基础设施时资本的"空间修复"（spatial fix）对象。（Harvey，2001a）对城乡再平衡政策来说更为关键的讨论，应该是剩余资本的"空间修复"问题，我们会在本文最后谈及"一带一路"倡议时再作进一步讨论。

或许，现在是我们先面对村落史（village history）的时候，以及阅读雷蒙·威廉斯（Raymond Williams）的时候，他的著作对认识城乡关系很有帮助。威廉斯是英语世界里最重要的文化研究（cultural studies）奠基者之一，在早期的论著里就延续了英国知识分子的批判性思维传统，同时他也是战后英国最重要的社会主义思想家。他的《乡村与城市》和《关键词》，为都市史批判性思考提供了重要起点。雷蒙·威廉斯认为，城市与乡村是一个整体。针对英国现代小说中再现的乡村与城市关系，他直接指出缅怀旧日英国乡村是一种错误观点，那其实是作者们的想象，因为无论是历史现实还是部分作家的作品，都显示出昔日英国乡村充满了苦难；相对于城市而言，乡村并不等于落后与愚昧，也不是充满欢乐的故园。而城市，虽然是在新的资本主义生产方式确立后兴盛起来的，但也不必然代表着进步，城市面临着太多的都市问题。简言之，城市无法拯救乡村，乡村也拯救不了城市。城乡的矛盾与张力反映资本主义发展方式遇到了全面而深重的危机，要化解这个不断加深的危机，只有对抗资本主义。(Williams, 1973) [2-23] 威廉斯从词源学的角度厘清了英语中 city（城市）一词的来龙去脉。他说："City 这个词自 13 世纪就已存在，但是它的现代用法——用来指涉较大的或是非常大的城镇（town），以及后来用作区别都市地区（urban areas）与农村地区（rural areas；country）的用法，源自 16 世纪……在 19 世纪之前 city 的用法经常局限于首都城市伦敦。较普遍的词义用法是因应工业革命时期城市生活快速发展而产生的。工业革命使得英国在 19 世纪中叶成为世界上第一个人口大部分集中在城镇的国家。与 city 这个词最接近的词源为古法文 cité，可追溯的最早词源为拉丁文 civitas。然而，civitas 并不是具有现代意涵的 city，拉丁文 urbs 才是。Civitas 源自拉丁文 civis，意指 citizen（市民、公民），citizen 的公民意涵比较接近 national 的国民意涵。Civitas 当时是指一群市民而不是指涉一种特别的聚落（settlement）……borough（其最接近的词源为古英文 burh）与 town（其最接近的词源为古英文 tun）是比 city 更早的英文词语。Town 的词义由原初的'圈地包被空间'（enclosure）或'院子'（yard）演变成圈地包被空间里的建筑物，到 13 世纪时才具有现代的意涵。Borough（自治市镇）与 city 这两个词经常是互通的。City 作为一种独特的聚落，并且隐含着一种完全不同的生活方式与现代意涵，是从 19 世纪初期才确立的，虽然这种概念有其悠久的历史渊源，源自文艺复兴甚至是古典时期的思想。这个词所强调的现代意涵可以从它的用法日渐抽象成为一个形容词，摆脱特殊地方或特殊行政形式，以及对于大规模现代都市生活（large-scale modern urban living）的描述日渐普遍化两方面看出来。几百万人口的现代城市大体而言是不同于具有早期聚落类型的几种城市的，如教堂城、大学城、省城。同时，现代城市已被细分，如 inner city（内城）在当代日渐为人使用，它是相对于不同的 suburb（城郊）而存在的。从 17 世纪起 suburb 一直是指外围、较差的地区，而这种意涵从形容词 suburban 在一些用法里指涉偏狭（narrowness）可以看出。然而，自从 19 世纪末期以来，资产阶级对于其居住地的偏爱由内城转向郊区，郊区变得比较吸引居

民，而办公、商店及穷人则留在内城。"（雷蒙·威廉斯，2005）⁸⁹⁻⁹⁰

　　因此，若是将都市史（urban history）与已经比较有研究成果的、结合人类学与史学研究的中国村落史相对照，那么，中国村落史是村落研究（village studies）呢，还是中国地方社会研究？是村落？乡村？农村？聚落规模与大小之于社会联系与生活经验的意义何在？或者说，社会关系与社会网络的意义何在？那么，又如何界定城市呢？再度落入人为的二元对立的城乡关系的思考陷阱？还是，区域/地域中的城镇与村落网络？或者，就是地方社会的研究？村落与城镇，其实是一个与周围的社会有动态关系的辐射轴心（a nexus of dynamic relationships with its surrounding society）？要解答这些问题，可以参考：王秋桂与丁荷生（Kenneth Dean）的研究《历史视野中的中国地方社会比较研究：中国村落中的宗族、仪式、经济和物质文化》（2005）；丁荷生的《当代中国东南地区的地方社区宗教》（2003）；庄英章的《历史人类学与华南区域研究——若干理论范式的建构与思考》（2005）；科大卫的《告别华南研究》（2005）；大卫·约翰逊（David Johnson）的"Comments on Methodology"（2005）；郑振满的《明清福建家族组织与社会变迁》（2009）。

　　还有，针对村落，《汉声》杂志曾进行过一系列的古村落调查。清华大学陈志华教授主持的出版物《村落》（2008），也是针对乡土建筑的调查。

　　研究中国地方社会或是村落，必须提及厦门大学傅衣凌的贡献，他的社会经济史研究为认识地方社会或村落提供了不可或缺的知识基础，如2007年出版的《明清农村社会经济/明清社会经济变迁论》和《明清时代商人及商业资本/明代江南市民经济初探》。

　　罗威廉（William T. Rowe）的《红雨：一个中国县域七个世纪的暴力史》（*Crimson Rain: Seven Centuries of Violence in a Chinese County*，2007）聚焦湖北麻城，成功地将微观史学与地方史结合，将长时段与小地域结合，是针对乡村地区与边缘地区历史写作的最好典范，该书已被译为中文（2013），是必须推荐阅读的。

七、都市史与规划史

　　前文在后柴尔德时代文字的末尾，由简·雅各布斯的文字展现出都市与区域活力对都市性的启发，以及与现代主义的规划价值对抗的新都市价值（new urban values）之后，我们可以加上彼得·霍尔（Peter Hall）的都市研究巨作：《文明中的城市》（Cities in Civilization）。都市创新是城市的生机与活力，霍尔指出，历经制造业经济、信息经济、文化经济，都市创新是贯穿在资本主义都市史里的一条红线，历久弥新，却在反都市价值（anti-urban value）的都市改革主义长流中被忽视久矣。"有心栽花花不开，无心插柳柳成荫。"创造力的产生，作为特殊主题，在特殊时期以及一系列特殊城市中，经历对历史的长期回顾，对人类所知有限的创新氛围（milieux of innovation）进行营造与复制，是当前全球信息化资本主义模型对区域发展价值的期望。经历文化或艺术创造力、科技与经济创新、艺术与科技联姻、都市创新、都市秩序的不同主题阐述，对创造力的特质就更能把握其要害。相对于市场，规划的正当性奠基于策略高明与否，这个充分与必要条件的区分与拿捏，正是规划专业的最大挑战。霍尔作为规划领域里的全球精英，展望未来，期待艺术、技术及机构的结合，迎接下一个黄金时代的城市。

当然，霍尔的《文明中的城市》，虽然提及一点（难以以此为傲的）东京，但坦白说，文明中的城市，不仅是文艺复兴之后时间逐步加速的资本主义城市的惊鸿一瞥的高峰成就组成的光辉城市，而且是欧洲中心的目光，着墨在西方文明中的资产阶级社会的城市。这就是霍尔再三致意的支配世界，且迄今仍有能力引领一次次复苏的西方文明中的城市。

而都市的本质，由工业城市到信息城市，都市性的一次次断裂，不如说，就是创新氛围的建构。至于西方之外的世界，是全球化网络中难以脱身的世界，现实世上似乎已不存净土，也无桃花源。但是，都市书写岂能脱离历史殖民积累的脉络，孤立对待高峰成就的城市之光？岂能切断当前越界的联结网络，幻想未来黄金时代的都会节点？然而，这不也正是对我们自身研究与实践的挑战吗？

尤其，面对当前的两极化与碎片化挑战，信息化城市的都市复兴与重构，知识与意义，亟须在信息发展、技术及社会的更高的阶梯上重新整合。前面已经提过《政治经济学批判（1857—1858年手稿）》，马克思在手稿前半部分所提出的，既有政治经济学的分析性意涵，又有深具文采魅力的精彩发问，难道不是值得在21世纪的信息技术条件上进一步深思与发问的问题吗？我们难道"不该努力在一个更高的梯阶上把儿童的真实再现出来吗？"（卡尔·马克思，1995）[53]而霍尔曾预测技术、经济、社会创新的五分之一主要周期，会于2007—2011年左右开始有机会摆脱资本主义社会这一个破坏性疾病。

衡诸2017年巨变正来临的现实，21世纪开端的十余年绝非太平盛世降临，反而是不确定历史新局的开端。霍尔在2014年去世，除了经历2008年的经济危机之外，他并未能目睹托马斯·荷马-迪克森（Thomas Homer-Dixon）所说的、专家们称之为非线性事件的发生，或世界秩序突然出现的变化，例如"伊斯兰国"（ISIS）当年开始发动的恐袭，霍尔在政治上不乐见的英国脱欧，甚至是唐纳德·特朗普（Donald Trump）当选美国总统，这些非线性事件表明西方世界正在进入危险区域。这些综合力量被专家称为构造压力（tectonic stresses），因为它们是悄悄积累，然后突然爆发，有可能导致原本稳定的社会机制的崩溃。面对21世纪生态破坏与社会分裂的双重危机，英国广播公司（BBC）的科学媒体记者蕾切尔·努维尔（Rachel Nuwer）指出："荷马-迪克森预测西方社会将发生和罗马类似的情况，在崩溃之前会将人和资源撤回核心的本土。随着越来越多较为贫穷的国家在冲突和自然灾害中四分五裂，巨大的移民潮将逃离这些衰败的地区，前往较稳定的国家寻求庇护。西方社会将采取应对措施，限制甚至禁止移民；花费数十亿美元筑起墙壁，设立边防巡逻无人机和边防部队；加强安保，管理入境人员和物品；政府变得更加专制，采用民粹主义的治理方式。这简直就是一种免疫反应，国家会努力反抗外界的压力，维持国家的疆界。荷马-迪克森自己都没有预料到这些发展会如此快速地发生，在21世纪20年代中期之前就发生。"以及，"只要我们能够渡过气候变化、人口增长和能源回报下降的难关，我们就有可能维护和发展社会。但是，这需要我们抵制住本能的冲动，即使面对巨大的压力，仍然要坚持合作，慷慨大方，保持对理性的开放态度"。"问题是，当经历这些变化时，我们应如何让世界留住某种人道主义？"（蕾切尔·努维尔，2017）

正因如此，鲍勃·卡特罗尔（Bob Catterall）指出：霍尔由于获颁爵士，一向对草根底层运动持消极态度，与其像他那样期待独创性的思想家，不如说，更需要规划者参与都市运动、积极对话，社会分析才能将信息与知识的叙述重新联系起来指引都市的实践。（Catterall，2000；鲍勃·卡特罗尔，2015）网络社会的流动空间（space of flows）与地方空间（space of places）的逻辑面临结构性的精神分裂，这是会破坏社会沟通的威胁。支配性的趋势是朝向网络化，意图将流动空间的逻辑安放在四散而区隔化的地方，让这些地方间的关联逐渐丧失，越来越无法分享文化的符码。除非在这两种空间形式之间，刻意建造文化、政治及实质空间的桥梁，否则天下将被卷入一个不同向度的社会超空间之中。（Castells，2000）[459]（曼威·柯司特，2000）[478]

另外，作为规划史的课本，《明日之城》（The Cities of Tomorrow），书名即有意识地回应了埃比尼泽·霍华德（Ebenezer Howard）的《明日的田园城市》（Garden Cities of Tomorrow）[13]，与勒·柯布西耶（Le Corbusier）的《明日之城与其规划》（The City of Tomorrow and Its Planning），

1988年出版之后就成为规划思想史经典的扛鼎之作，2014年已经出了第四版，当然是不可或缺的精读之书。回首百年身世，资本主义城市仍须面对永远底层的"阶级之城"，为何如此？专业者需要反思。

既然提及作为规划史（planning history）课本，即使霍尔在第三版文字中已略有提及，这里也仍然必须加上女性主义的规划史，才能平衡霍尔的偏失：中产阶级白种男性的排除逻辑，规划思想史里父祖英雄们如霍华德与盖迪斯等的乌托邦篇章与由高处展望城市的国家眼光。李奥妮·珊德柯克（Leonie Sandercock）编辑的《让看不见的看得见》（*Making the Invisible Visible*）一书，针对都市问题、都市运动以及社区生活经验进行论述，更具包容性，知识上跨学科，诉诸市民权利、少数民族、反叛的规划师的可能性。

八、女性主义取向的都市史

若是提及女性主义规划史，那么还有，女性主义的都市史表现不遑多让，桃乐丝·海顿（Dolores Hayden）在1976年出版的《七位美国乌托邦：社区主义的社会主义建筑，1790—1975》（*Seven American Utopias: Architecture of Communitarian Socialism, 1790-1975*）一书基础上，不断推出新著作，审视美国的家宅、建筑、邻里、城市、地景，作为公共史的都市地景与权力之间的纠结，以至于美国梦、城郊、都市蔓延、土地开发的贪婪带来的破坏，可谓女性主义建筑与都市史写作的先行者与多产作家。除了七本学院著作之外，她近年还出版了两本诗集。

九、威尼斯学派

接着，真像是禅宗一花开五叶，1970年后新马克思主义代表了更根本性的选择与走向，在曼弗雷多·塔夫里（Manfredo Tafuri）领导下，意大利的威尼斯学派批判史学的历史计划（the historical project）一反过去他们在战后意大利学院与专业界熟悉的历史类型学方法（typological method），在20世纪70年代针对规划与乌托邦的意识形态批评（ideological criticism）基础上，进一步对文艺复兴、威尼斯的建筑与城市提出不同的都市史历史写作，在赞助者、专业竞争、政治、科学辩论的张力之间应用其历史写作方法。文艺复兴，再也不是过去自主性形式分析艺术史家海因里希·沃尔夫（Heinrich Wölfflin）所建构的那般，必然是用以对照黑暗的中世纪，历史迎接的注定就是人文主义的黄金年代；也不是像鲁道夫·维特科威尔（Rudolf Wittkower）的《人文主义时代的建筑原理》（*Architectural Principles in the Age of Humanism*）那般，在米什莱（Michelet）和布克哈特（Burckhardt）笼罩下建构起正统文艺复兴建筑的新柏拉图式史观。相反地，塔夫里重新开辟了文艺复兴研究的诠释角度，创造出关于文艺复兴建筑历史写作的全新类型。他将文艺复兴视为一个都市现象，针对意大利的城市——从美第奇的佛罗伦萨到利奥十世的罗马、威尼斯、米兰、热那亚，展开城市间的比较，思考 15 世纪城市的新需要，在连续性与事件之间、长时段与微观细节之间，将历史并置，拒绝我们过去对文艺复兴所抱有的历史幻象。因此，批判的历史是一个"解秘"的计划（a project of de-mythification），致力于基于审视社会而建构起来的建筑语言中的自然化过程。虽然塔夫里的著作不易阅读，可喜的是南京大学建筑系胡恒（2015）为《文艺复兴诠释》写了一篇长文，为我们了解塔夫里的书提供了一个阅读入口，使我们能够比较容易地享用塔夫里的知识贡献。

十、地理学、社会学、文化史与都市史

既然提及新马克思主义的历史写作，我们当然不能忽略马克思主义的历史地理学者大卫·哈维的《巴黎，现代性之都》（*Paris, Capital of Modernity*），这是都市史写作高峰的重要成就。为了平行阅读巴黎，我们还必须收入美国文化史学者卡尔·休斯克（Carl E. Schorske）的杰作《世纪末维也纳：政治与文化》（*Fin-De Siecle Vienna: Politics and Culture*）。

在迪尼丝·柯斯格萝芙（Denis E. Cosgrove）1984 年出版的《象征地景的社会形构》（*Social Formation and Symbolic Landscape*）的基础上，还需要进一步阅读社会学教授雪伦·朱津（Sharon Zukin）的《权力地景》（*Landscape of Power: From Detroit to Disney World*），此书针对五个 20 世纪的地景，由钢铁镇、士绅化到迪斯尼世界展开权力地景分析。同时，两本书似乎也可以被视为比较地景史（comparative landscape history）书籍阅读的起点。

社会学与史学研究方面的杰出学者理查德·桑内特（Richard Sennett）也有两本杰出的都市史研究贡献之作：《眼睛的良心：城市的设计与社会生活》（*Conscience of the Eye: The Design and Social Life of Cities*）与《肉体与石头：西方文明中的身体与城市》（*Flesh and Stone: The Body and the City in Western Civilization*）。

既然提及理查德·桑内特的公共空间（public space），我们怎么能遗漏王笛的《茶馆》与书写成都的《街头文化》两本书呢？前者在2010年已有社会科学文献出版社的中译本；后者讨论四川成都的市民、公共空间、街道、街道生活与政治、社会改革与地方政治，获得了都市史学会2005年北美都市史学最佳书籍奖。

另外还有现象学取向的文化地理学者段义孚（Yi-Fu Tuan）的《空间与地方》（*Space and Place: The Perspective of Experience*）。段义孚是新人文主义取向的地理学在实证主义当令时的先驱开拓者，在其早年的《地方之爱》（*Topophilia: A Study of Environmental Perception, Attitudes and Values*）取得的成果上，进一步将对经验空间中的时间与地方依恋（place attachment）的诠释发挥得淋漓尽致，是平衡实证主义的技术官僚理性与其遗忘了人间的城市之最佳对照。另一方面，由于段义孚意识到新人文主义地理学的认识论根源与马丁·海德格尔（Martin Heidegger）的哲学相关联，深掘下去的阴暗面，竟然是躲在日耳曼的社区共同体背后的纳粹的民族主义与社会排除，因此，他后来将研究重心转向了米歇尔·福柯（Michel Foucault），与后现代地理学的爱德华·索雅有志一同，是值得深思的事。

总之，20世纪80年代之后的都市史写作，真可谓漪欤盛哉，以阅读引领游园，可谓百花齐放之后，满园奇花异草盛开，如何阅读，殊不易也。但是，作为博士学生研究计划，设计主辅修科目之时，都市史倒是一个值得珍惜的科目。作为主修，是自主的领域，当然不成为问题；作为辅修，现在的都市史很容易与研究者主修领域的方法论接枝。

十一、补充一点理论辩论的历史：
20世纪70年代马克思主义都市社会学范型转移

以下再提供一点方法论上理论辩论的补充，我们回顾一点理论辩论的历史：被称为是20世纪70年代马克思主义都市社会学范型转移的理论时势，空间的政治经济学崛起，摘要性地交代理论改变的线索之后，再面对都市化（urbanization）的理论质疑。

不同于欧洲社会与城市，针对美国资本主义工业化城市，移民劳工所面对的都市整合作用与发展理论所对应的芝加哥学派的都市社会学，在20世纪70年代被新马克思主义的批判都市社会学所质疑，质疑其与社会达尔文主义结合所建构的人文生态学潜藏的价值观。这个新都市社会学源于法国的两位在知识上不一致的马克思主义学者：亨利·列斐伏尔与曼纽尔·卡斯特尔（Manuel Castells）。

列斐伏尔的论点，在空间的生产（production of space）和城市的权利（the right to the city）两方面被大卫·哈维及爱德华·索雅所发展。空间被视为资本主义生产的过程，这个过程最终在空间上强迫性地束缚人们的生活。其结果是，当资本认为使人们留在城市中它已无利可获，但是又没办法把都市人口再塞回乡村，因为还是需要都市工作者，一种中介的空间就被打造出来，这就是城郊（suburb）。在欧洲的状况是城郊大量出现与工人阶级有关；而美国的情形则是与核心家庭及中产阶级有关，但两者的价值观又都是反都市的（anti-urban）。[14] 所以，当人们被逐出乡村后，他们又被逐出或是被国家政策与房屋市场诱使迁出他们曾经可居的地方。现在，他们的确失去了他们对城市的权利。

而卡斯特尔的批判性的主题则是关于集体消费（collective consumption）及都市社会运动（urban social movements）。城市被视为组织起来提供每日生活所需的各种服务的系统，并且直接或间接地受到国家的调节与控制。住宅、教育、交通运输、医疗卫生、社会服务、文化设施、美好舒适的都市环境，这些都是每日生活以及经济领域中不可或缺的成分，而且不可能完全不借助国家干预进行生产或达成愿望（比如欧洲的公共住宅与公共运输，美国的联邦储备住宅抵押与补助公路系统）。集体消费（就是国家中介的资本主义劳动力再生产所需的消费过程）同时成为都市基础建设的基本项目，并构成人民与国家的主要关系。城市被再界定为资本积累与社会分配之间、国家控制与人民自主性之间冲突的焦点。[15] 环绕着这些议题，新都市社会运动——运动的目的在于对社区生活的掌控以及对集体消费的需求——出现，成为一种面对社会冲突与政治权力的新行动者（new actors）。于是都市社会学上下翻转，从研究社会整合的学术训练转向对后工业主义新社会冲突的研究。[16]

然后，新都市社会学在理论层次上质疑资本主义经济发展对应着工业化、都市化、现代化的预设，认为这是未经检验的意识形态。鉴于前述现实里的都市成长与欠发达，其针对第三世界的城市提出依赖都市化（dependent urbanization）等另类的分析与实践出路。于是，不能再像芝加哥学派那样，将都市化简单地视为：①人口与活动的空间集中——这是过于简单的都市化界定，无论是人口集中的程度还是规模，都很难一般化为理论概念。即使城市是历史地建构在我们文化中的用语，以唐长安城为代表的人口集中现象为例，长安作为当时世界上最大的古代国家城市之首，都城是帝国政治与军事力量的表现。而宋代以后的城市，如汴京（开封），则可以说是农业社会商品经济的繁华富庶之地，这种对所谓人气兴旺、生机盎然之所的期望，再现的是一种肯定都市的价值取向。宋张择端的《清明上河图》图像再现的都市场景与社会生活，就表现了这种繁华富庶丰富多样的人、物、财货、信息的聚集；②特定的价值系统、态度与行为的扩散，称其为"都市文化"——都市文化（urban culture）被视为是现代的、工业化的、资本主义的，是不同于传统的、农村的、地方的新的文化，是性别、族群、阶级都被刻意掩饰后的一种优势价值，是一种支配性的意识形态。

其实，与前述的都市化的模糊观点形成对照的是，生产与社会结构决定了空间组织。这样的概念才具有对现实的分析性，于是，对都市化的发问必须针对三点基本现实与一点实践问题：

（1）整个世界都市化加速；

（2）都市成长集中于欠发达（underdeveloped）区域，不像在工业化资本主义国家已完成的第一次都市化那样，发展中国家并没有对应的经济成长；

（3）大都会区成为新的都市形式；

（4）针对资本主义生产方式，提出有替代意图的社会的新形式，两者与都市现象间的关系，成为实践问题。

这也就是说，在20世纪70年代，非资本主义的发展与另类都市化成为实践上的出路，即社会主义提供的另类出路（Socialist alternative），这点在当时十分关键。

所以，我们可以这样说：

（1）都市化的意识形态用词指涉前述的对应性预设与自然化了的特定社会价值的生产。

（2）都市/乡村（urban/rural）观点是现代/传统（modern/traditional）的意识形态二元对立关系的再现。其实，这是社会组织的空间形式的分化，既非二元对立，亦非像自然般的连续性演化。若是像对待自然史一般对待发达资本主义国家的都市历史，就无从理解空间形式是社会结构与过程的产物。我们甚至可以说，这时，社会理论（social theories）可说全面性地重建了都市社会学的思考角度。

（3）所以，空间形式的社会生产才是理论概念建构，而非都市化的简单观点。都市化被视为现代性神话（the myth of modernity）的一部分。空间形式的社会生产（social production of spatial forms），从理论的角度说，空间就是社会，是社会关系，是社会的表现。

（4）分析都市化，它密切关系着经济发展问题。发展的观点创造了同样的困惑，指涉着发展层次（经济与技术的层次）与过程（社会结构的性质转化，生产力的增长潜力）。这又关系着社会的技术与物质资源的积累运动的结构性转化的意识形态功能。

（5）发展的观点所引发的问题是社会结构的转化，社会则植基于解放逐步积累的能力（投资/消费比）。

（6）在国际尺度上的依赖性，即社会形构间的不对称关系。

（7）在依赖关系下的社会之间的整体特性内，什么是空间建构与社会结构转化之间的关系？这其实就是前述的实践问题（Castells，1977）。

（8）都市整合的预设必须面对现实社会里都市社会运动与竞争的政治的挑战。一直到现在，这一点都还是对芝加哥学派最主要的质疑，我们可以说，在前述这些重要的批判性学者的身后，其实是社会运动与都市政治提供的历史条件造就了20世纪70年代都市社会学的范型转移。[17]

然而，俱往矣。

就在范型转移之后，学院内的多范型抗争局面的百花齐放理想，竟然是众多学术论文与期刊的发表，形式化的精炼，并没有像20世纪30年代芝加哥学派与20世纪70年代政治经济学取向开展时的都市研究先行者那样，提出有开创性的新问题、新视野以及有知识魅力的新研究成果。[18]而最关键的是，这时，资本主义却已经展开了技术经济的再结构过程，现实的资本主义发展把学院的学者抛在了后头。那么，让我们以有反身（reflexive）能力的角度，由东亚的都市化的特殊性，重新面对全球信息化资本主义的挑战，以及新的都市研究的全球转向。

十二、对都市化理论质疑之后：
都市中国的网络都市化与没有市民的都市化

就是在这种都市历史写作拉开的时势之下历史翻页了，作者要指出的是，面对21世纪网络社会的挑战，过去工业社会崛起时对都市化（urbanization）的方法论预设，势必得通过必须的理论检验，才能面对20世纪80年代后中国大陆都市现实中浮现的悖论性空间与社会（paradoxical space and society）。这是当前比较都市史阅读必须面对的都市现实。

20世纪70年代末开始的都市中国（urbanizing China）与城乡关系改变源自国家政策的结构性转变，进入全球市场，成为世界工厂，农民工进城，以及，前店后厂空间模型，经济全球化推动的越界生产网络（cross-border production networks），建构了网络化的都市化（net-worked urbanization）。例如：20世纪80年代北加州湾区硅谷—台北新竹—东莞越界连接的生产网络，珠三角都会区域浮现；20世纪90年代北加州湾区硅谷—台北新竹—昆山越界连接的生产网络，长三角都会区域浮现；以及，高铁网络的等时圈同城效应与各都会区域之间的城际连接。这种网络都市化，或者说，这种网络空间的社会生产，生产的社会组织，生产与社会结构决定了网络空间组织。这也就是说，研究者必须避免过去发达工业化国家的都市理论（urban theory）对于发展中国家在分析上的不适当性，避免将经济发展简单地等同于现代化、都市化、西化，甚至将其经验视为一种未经检验的规范性价值，照单全收。接受了这种价值观，就会有意图地改变行政区划，人为地将都市周边农村土地纳为都市用地；并且，这种偏见会无视都市化研究本身潜藏的认识论谬误，即都市/乡村二元对立的形式化预设；其实，都市与乡村之分，不如说是社会组织的空间形式的分化，这是一个特定社会的空间形式的社会生产过程（the social production of spatial forms）。

对于使城市人口快速集中的新进劳动力与农民工而言，由于二元户口制度与地方教育门槛的排外性限制，农民工并未被视为市民。所以，20世纪70年代末以后，中国的网络都市化是"没有市民的都市化"（urbanization without citizens）[19]，城市也就是"没有市民的城市"（cities without citizens）。这个没有城市的都市世界（an urban world without cities）被视为21世纪的重大悖论。城市作为物质上根植于空间集中的人类聚落，而且是在社会组织与文化表现上的特殊空间形式（cities, as specific forms of social organization and cultural expression, materially rooted in spatially concentrated human settlements）的韦伯式认识角度与普同价值，不仅不易区分中国城市的政治性格与繁华市井的都市氛围，而且面对新的信息技术冲击，在研究分析上显得过时，在实践上难接地气（Castells，1999）。与前文后现代地理学的反思相呼应，这不正说明都市中国（urbanizing China）面对网络都市化的都市现实，必然迎来的正是"后韦伯时代"吗？其实，面对我们的都市史，必须接受与区分城市的政治性格与繁华市井的都市氛围，例如清代城市中，满城的军事驻防的功能与制度性空间的象征意义，如成都市中心，和由川入藏的茶马古道、驿站型城镇，由商贸路线、商品流通、聚集成镇的空间社会变迁，两者之间的政治性格与经济特征的区分（周晶，李天，2016）（卢川，2016）。

这时，哈佛《中华帝国史》六卷本的最后一卷——罗威廉的《最后的中华帝国》，以及他关于汉口的两本著作，是对套用韦伯观点的有效质疑，必须阅读。若要再加上早一点的都市史著作，最主要的就是施坚雅的《中华帝国晚期的城市》。

这时，面对清史的写作，在方法论的层次上，一定会遭遇的就是新清史的辩论吧？建议阅读一篇经过明史专家徐泓细心梳理的论文《"新清史"论争：从何炳棣、罗友枝论战说起》，会很有助益。徐泓在台大历史系执教多年，且与我们研究所长期合作开设中国城市史课程，他的这篇论文不但可以帮助确立学术研究的自主，也可以让人从中细读出不同层次国际政治干预的线索。

当然，套用韦伯对城市的观点更重要的问题是前面提到的，面对新的信息技术冲击，在研究分析上对当前都市变迁的新局面视而不见、格格不入，以致在实践上难接地气。尤其前面提及的，对于亚非拉发展中国家的历史经验而言，都市化、经济发展、工业化、现代化之间，并非是未经检验就全然彼此相等、可以互换的西方经验，难道不符合西方既有经验的即属于异常经验吗？这也就是说，我们必须警觉，这是否是一种政治上傲慢而不自觉地将西方经验当作是人类发展的历史单行道呢？简言之，我们的都市经验并不是如同过去西方的经验那样，有了经济发展，都市问题就会自动改善。我们面对的社会现实是非正式经济（informal economy）几乎无所不在，以及，区域均衡才是问题的要害，都市化要整合在更广大的区域均衡的过程中来对待。不然，仅仅是经济上GDP规模的度量，其实不是恭维，而是一种"捧杀"。2016年的经济现实是，中国的GDP约占美国GDP总量的六成，经济发展的技术质量不高，在高科技与创新能力上美国仍然保持绝对优势，其在一些尖端技术的关键领域，至今对中国完全不开放，就是要购买也没有市场。在网络都市化过程中，我们必须面对的都市现实其实是众多自相矛盾、似非而是的空间与社会，是一种吊诡的、悖论的空间与社会（a paradoxical space and society）。因此，一旦正视1.53亿农村户籍人口在城镇就业，以及2.17亿农民在农村从事非农就业这两大现实，以及基于农村土地集体产权和小农家庭财产制的特殊制度性安排，确保一个规模庞大的临时性和非正式的农村劳动力可以持续被城市资本以低成本吸纳，就可以为中国经济的发展提供相对的优势。因这种城乡流动现实里的经验对照，黄宗智（2003；2015）就很清楚地拒绝了形式化的马克斯·韦伯式的欧洲中心的普同性预设，提出悖论社会（paradoxical society）的中国之道理所在。悖论空间与社会，与其从合法与否的角度界定，不如说是混乱却充满生机与活力的状态。尤其，国家的法律制定经常落后于现实，法律的执行更与现实有落差，更加深了似是而非、似非而是同时 却充满可能性的空间，这是悖论性的空间与社会。

再来，由于边缘性（marginality）理论在20世纪70年代面对第三世界都市现实的经验研究中就已经破产了，如詹妮丝·普尔曼（Janice Perlman，1976）所指陈。为了避免措辞上混淆，我们也不宜采用考量经济活动、交易成本、产权、公司、法令制度的新制度经济学者罗纳德·哈里·科斯（Ronald H. Coase，2016）盛赞1980年后中国改革的措辞："饥荒中的农民发明了承包制；乡镇企业引进了农村工业化；个体户打开了城市私营经济之门；经济特区吸纳外商直接投资，开启劳动力市场。与国有企业相比，所有这些都是中国社会主义经济中的'边缘力量'。"科斯以"边缘革命"一词，指涉将私人企业家和市场的力量带回中国。其实，相较于20世纪80年代之前国家的制度与揭橥的价值取向，私营企业也是和悖论空间与社会关系紧密相关的、不被国家制度准许的非正式经济。在某种程度上，悖论空间与社会倒是与科斯关心的经济社会所显示的特征若合符节。

因此，本文指出，值得从比较研究的角度，反思亚洲的都市史写作。譬如说，南京大学历史系罗晓翔教授的比较城市研究课程，就期待学生通过课程的学习，熟悉明清中国城市、前近代西欧城市以及江户时代日本城下町的城市风貌与特色，这样才能对不同区域背景下城市的政治、社会、经济、文化发展差异的原因做出一定程度的分析。[20]至于规划史，则是都市史中重要的需要专业者反思的空间实践的历史环节。"移植"（transplantation）[21]又是发展中国家共同且重要的殖民现代性（colonial modernity）的空间再现经验。这样，吾人得以重构历史写作的疑旨（problematic），重新界定都市史，甚至以不同的认识论视角来面对村落史。[22]

十三、面对历史中的殖民城市

前述20世纪70年代都市社会学的范型转移之后，为历史中的殖民城市与建筑提供了最有用的角度的，是对空间的政治经济学的分析。面对空间结构的逻辑关系着不同国家与社会间不对称的过程，以下以西班牙、葡萄牙、英国、法国、日本的殖民城市的历史形构为例。首先我们需要从世界史的角度来看待第三世界之殖民建筑与城市，即使再简略，它至少也得包括：由15世纪末叶欧洲开始的大发现与殖民，启动了社会与文化巨变，其结果必须与工业资本主义社会对传统以农业文明为基础的社会稳定所造成之断裂一起考察；再追溯资本主义之重商主义自17世纪由欧洲传至亚洲,思考18世纪法国大革命与启蒙主义哲学的理性要求,保守主义思想之对抗,以及18世纪欧洲国族国家(nation state)之建构与防卫;最后是19世纪的帝国主义世界性扩张,巩固世界市场与竞相占有殖民地,达到历史高峰。其中,尤其重要的是考察18世纪末到19世纪的亚非拉殖民建筑与城市之历史系谱,审视日本殖民时期的中国台湾建筑与城市。由第三世界的角度反视,而第三世界国家各国的情境各有其特殊性,共同经验就是资本主义扩张下的殖民历史,长时间为外国力量所支配。因此,殖民地的相对体就是帝国主义。

就世界史之角度而言,1500年时,全世界有16%的土地为欧洲国家所控制;1810年时,有25%的土地为外国所占;到了1878年,比例上升为67%;到了1910年,达80%。至1914年第一次世界大战前,整个世界已经有84%～85%的土地是以英、德、法、美、日等国为宗主国。19世纪,整个亚洲[日本除外、中国(半殖民地)]、拉丁美洲、非洲——只有东欧除外(而波兰、希腊又除外),都为帝国主义实际上的政治权力所控制,包括中国的通商口岸(treaty ports)。甚至,到了20世纪60年代,世界上仍有一半国家为殖民地。也正因为如此,发达(development)与欠发达(或矮化发展、低度发展,underdevelopment)是在同一个世界里进行的事物。第三世界国家是在殖民的历史情境下工业化、现代化与都市化的,即使在第二次世界大战后它们在政治上相继独立了,但殖民的历史结构却依然存留下来。甚至是各种地理边界,以至于国界,也是殖民者按其势力范围所划定的,像西非就是一个显例。

这些第三世界国家,或者说发展中国家的空间结构,其逻辑深深地关系着不同国家与社会之间不对称关系的历史过程。譬如说,历史上,这些国家大部分的人口都集中于沿海地区,特别是围绕着大的港口城市。

为何如此?因为它们大多是属于宗主国都会区与殖民地之间之依赖社会(dependent societies)的贸易关系。同时,这关系还要被其他不同类型的依赖关系,如商业依赖、工业依赖、金融依赖、技术依赖、文化依赖、地缘政治依赖等所修正。假如特殊类型的依赖性(dependency),强调政治因素重于贸易模式,就会有不同的空间结构之表现。譬如说,不像葡萄牙对巴西之殖民,西班牙在拉丁美洲的殖民相比之下是军事与政治的殖民,因此,大城市如墨西哥,就不是一个港口城市。墨西哥与其他殖民地的空间模式相反,可说是在先前首都的基础上发展起来的,西班牙人连空间支配的结构都一并占领了。而巴西,在早期却全然沿着海岸发展出对葡萄牙的贸易关系。

在非洲，英国的殖民地是贸易与商业的功能，所以强调港市；而法国殖民则是政治控制与军事征服。

同样的情形发生在亚洲。英国赋予殖民地以贸易港市（通商口岸）之意义，如香港。因此，关乎当地社会与制度，被殖民者中的买办角色就有其重要性。也因此，殖民者需要以较和平之手段笼络被殖民社会之上层精英，无须对该社会内部功能运作做太多的干预，因为直接的政治干预反而需破坏既有社会的机构与制度，需要创造新的机构与制度，将所有的殖民人口纳入一个新的情境中。

前述的西班牙基本上是个君主社会，它要的是黄金与财富。西班牙殖民不是以贸易来组织宗主国与殖民地的关系，不是为了资本的积累而服务，或为投资而服务；它的主要考虑元素是如何控制正在发挥作用的人的资源。所以，西班牙殖民以改变信仰为手段，假如不能控制，就以神的名义屠杀他们。

而葡萄牙则相对较弱，无力控制，所以与地方经济发生贸易关系。像19世纪英国在非洲一般，给予港市（通商口岸）地方自主性，在地方精英间作用，所以能进行贸易，而整个社会基本上是在精英统治下运作。

列举这些不同类型的殖民，并非是为了说在伦理上何者为佳，或是联系上民族性的成见，只是说，它创造了不同类型的社会，不同类型的机构与制度，不同类型的空间结构。简言之，不同过程产生了不同的形式，不宜一般化为"单一一种"殖民的空间结构。

那么日本呢？中国台湾是日本之农业基地，土地与农业劳动力是生产之关键要素，因此，殖民资本主义与地主经济相结合，共同形成了中国台湾特有的结构。涂照彦将其概念化为殖民地社会的"二重构造"，而汉人农村中之地主与佃农的生产关系一直未见改动，警察暴力则是对日常生活的控制，至于少数民族部分，则是更为血腥之镇压了。

因此，不同的过程有不同的形式，很难一般化为单一的一种依赖性城市或依赖性空间结构。依赖社会的空间论纲作为一种松散开放的假说十分有用，因为它说明了城市与区域规划真实的问题之所在。

至于前述的依赖性，这是个分析性的概念，不是政治常识性措辞。依赖性的形式很多，历史上最主要的殖民依赖的概念界定，主要在于对领土的政治与军事直接干预，这样才能与商业依赖、工业依赖、金融依赖、技术依赖、地缘政治依赖、文化依赖等不同类型（而不是过程）相区分。

其中，殖民地模式与聚落经常为运输线所强化。经常，空间结构与形式和外部世界形成强大的联系，反而在区域内却没有什么有意义的联系。芭芭拉·史塔琪（Barbara Stuckey，1973；1975；1976）的论文曾经清楚地表明，比较前殖民、殖民、后殖民时期空间模式的特性，后殖民的区域空间结构竟然就是殖民区域空间的延续。

十四、在全球史新时势下重思"后韦伯时代"的都市史

回到在前文提及的，面对20世纪80年代进入世界市场之后的"后韦伯时代"的都市中国（urbanizing China），网络的都市化下建构的悖论性社会与空间，我们可以说是在新的全球信息化的历史时势下面对空间形式之塑造，重思都市史的写作。

1. 中国被迫面对金融危机后的都市与区域过程

全球信息化资本主义的问题起点来自20世纪80年代进入世界市场之后的都市中国被迫面对2008年末在美国引爆的金融危机，因此值得阐述其都市与区域形成过程。2017年6月大卫·哈维在南京演讲时指出，中国在2009年被迫创造了两千七百万左右的就业机会，国家的政策推动了基础设施的大规模投资。这些实质物理基础设施投资的部分设计目的是在东部沿海活跃的工业区与相对欠发展的内地之间建立传播联系（communication links），从而在空间上整合中国经济，同时加强南方和北方的工业及消费市场之间的连接性（connectivity）。与之相伴随的则是非常规的强行都市化（forced urbanization），建造全新的城市，同时扩建已有的城市。2008年之后，中国GDP构成中至少有1/4来自住宅建造，如果加上全部的实质物理基础设施建设（如高铁、公路、大坝和用水工程、新的机场和集装箱码头等），大概会占到中国GDP的一半。我们可以说中国几乎所有的增长（直到前不久还保持在10%左右）都来自对建成环境的投资。这就是中国走出萧条的方式，所以中国会消耗如此多的水泥。这种似乎不可能做到的中国政策的做法在世界市场中造成戏剧性效果……解决危机的方法的出现和危机出现的趋势一样快，所以是不均等发展地理上的无常性（volatility）。因此我们可以看到，中国在2008年之后通过大规模的都市化和对建成环境的投资，扮演了解救全球资本主义的领导角色。

（Harvey，2016）[1.3]（Harvey，2017）

哈维进一步指出：经由债务融资（debt-financed）手段，中国经济的债务与GDP比已位居世界前列，但这是人民币债务，而非美元或欧元。截至2014年，大多数城市其实濒临破产，因此影子银行系统成长起来，掩盖银行对不盈利项目的贷款行为，房地产市场遂成为投机无常性的、名副其实的赌场。房地产价值贬值的威胁以及在建成环境内过度积累的资本开始在2012年变得具体化，在2015年达到顶峰。其实这是可预见的建成环境过度投资的问题。大规模的固定资本投资浪潮应该在中国的经济空间内，促进生产力并提高效率。将新增GDP的一半投进固定资本，结果却导致增长率下滑，无论如何不是一个令人容易接受的结果。中国经济增长所产生的积极连锁效应就这样被逆转了。然而，面对建成环境内的过度积累和急剧攀升的负债率，又要如何处理过剩资本的问题呢？首先，就是京津冀一体化计划，包括通州副中心与雄安新区计划。以北京为中心，通过对高速交通和通信网络进行整合，"通过时间消灭空间"（annihilate space through time），吸收资本和劳动力的剩余。其次，中国放眼世界，寻找途径吸收过剩的资本和劳动，于是就有了重建在中世纪通过中亚连接中国与西欧的"丝绸之路"项目（Harvey，2016）[3.4]，这就是2013年提出的"一带一路"倡议，并在2017年5月成功举办了"一带一路"国际合作高峰论坛。我们可以说，面对当前世界形势，中国国家对外的重大政策，正是推动"一带一路"与亚投行。

2. 解决剩余资本的"空间修复"问题

所以，由经济角度看待"一带一路"，当前中国的固定资产投资总规模已经超过了GDP的80%。在这种情况下，投资回报必然下降，投资对经济增长的带动能力也必然下降。所以，大卫·哈维说的是对的，面临资本过剩问题，"一带一路"确实是资本行为和基础建设投资，是可以帮助解决剩余资本的"空间修复"（spatial fix）问题。这里需对"空间修复"理论概念的指涉意义略做解释。

大卫·哈维用"空间修复"来描述资本主义用地理扩张和地理重构来解决内部危机的贪婪动力。哈维认为：①如果不进行地理扩张，并不断为自身问题寻求"空间修复"，资本主义就无法存活；②运输和交通技术的重大创新是扩张发生的必要条件，因此资本主义的发展重点是技术，它能促进逐步、快速地消解商品、人、信息以及观念流动的空间障碍；③资本主义的地理扩张模式主要取决于它寻求的是市场、新鲜劳动力、资源（原材料），还是投资曾以股权为主的新的生产设施的新机会。最后一点与资本的过度积累、马克思理论中重要的危机信号如何显示，以及"空间修复"如何被穷追不舍，关系密切。（Harvey，2016；2001a；2001b）

3. 对空间实践的挑战，邀请与当代资本主义的辩护士辩论

哈维提出的解释在于他看到了资本的运动，因为资本积累的再生产有这个需求，并且提出关乎实践的问题，即：我们是否能沿这条路走下去，还是我们应该审视或者说消灭资本与生俱来的无限积累的冲动？换句话说，我们是否该朝向一种辩论：我们未来的世界与明天的城市，是什么样的？我们想生活在什么样的都市区域里呢？支持巴黎气候变化协定、符合生态多样性和可持续、有都市文化魅力的宜居城市？还是为了让资本远离危机，在发展性价值的全面笼罩下，无选择地走向水泥丛林的不可持续城市，同时伴随着阶级固化、空间隔离及社会片断化下的分裂城市陷阱呢？

大卫·哈维认为，确实有些未来学家会为这些发展挂帅价值所支持的乌托邦远景煽风点火，有些严肃的记者也会接受这种远景，积极撰写报告，更重要的是，隐身在他们背后的是控制过剩资本的金融家，他们迫不及待地想要利用那些闲置资本，并且让那些远景尽早成真。哈维期待与这些当代资本主义的辩护士辩论。（Harvey，2016）[8-9]

4. 现实里的国族国家保守政治质疑——复制殖民的空间模式？

另一方面，关系实践的现实政治毋宁说是更复杂的。与大卫·哈维对资本主义形构的历史认识不同，就在"一带一路"倡议提出后，举例而言，2017年3月29日德国《世界报》（*Die Welt*）刊登了对当年1月才当选欧洲议会议长的意大利籍议员安东尼奥·塔亚尼（Antonio Tajani）的专访，塔亚尼谈及欧盟的发展与难民危机，却调口批评"中国殖民非洲"，引发质疑。塔亚尼指出，干旱与内战造成的严峻形势需要欧洲着力疏导，否则多达三千万难民将在十年内涌入欧洲。至于如何解决？他认为欧盟应该对非洲大规模投资并制定长期战略。然后他话锋一转提到中国，称"非洲目前面临的风险是，它可能成为中国的殖民地"，"中国人只想要非洲的原材料，对欧洲的稳定没有兴趣"。柏林的欧洲政治学者弗莱利克指出塔亚尼很不专业——

塔亚尼话中暗指中国与非洲的难民潮有关，但是实际上欧美国家才应该为非洲难民问题负责（青木，2017）。其实巴拉克·奥巴马（Barack Hussein Obama）过去任总统时也曾经暗示"一带一路"在非洲复制殖民的空间模式。这正是前节所述的西方帝国主义的黑暗历史。

在政治层面上，"一带一路"是不是帝国主义呢？其实是可以辩论与检验的。"一带一路"倡议引发争议，其中有关中国是否成为新殖民主义帝国，以及中国与相关国家之间的经贸关系是否属于全球南方国家之间的合作等问题，经常成为辩论的焦点。

首先，外交部长王毅正式表示过："丝绸之路不是门罗主义。"[23] "一带一路"是中国参与全球治理（global governance）的新方式，目标是建立欧亚大陆贸易区，以贸易促进各国关系、区域和平。寻求推动国际关系的新框架，跨越国界，"一带一路"提供越界连接的节点与网络，可以朝向互惠的区域发展，目标是建立"人类命运共同体"。

复旦大学历史地理学家葛剑雄（2017）也在公开演讲中强调"一带一路"有反省性的价值观。他说："历史上中国并没有主动地利用丝绸之路，也很少从丝绸之路贸易中获得利益，在这条路上经商的主要是今天的中亚、波斯和阿拉伯商人。"因此，今天要建设"一带一路"，肯定不是历史上的丝绸之路了，相反地，"要坚持互通互补互利、实现共赢"。"一带一路"能不能建成，关键是能不能形成利益共同体，如果能形成命运共同体，那么它才是真正的巩固。

其次，不少媒体报道与经验研究的书籍都已经指陈，中国正在带给非洲一代人"最重要的发展"（皮林·戴维，2017）。经由中国在非洲的援助与投资的经验研究，徐进钰（2017）指出："中国在非洲的作为，相较于西方的殖民强权而言，并没有更具掠夺式积累，反而因为中国的崛起，许多发展落后的国家得到了援助而免于被西方国家垄断控制主权。如果中国能够沿着1949年以来的第三世界的精神，超越民族国家框架的限制，同时避免利用例外空间的形式进行经贸投资，那么，'一带一路'倡议将可能成为中国反思自我历史，并提出不同于西方民族国家体系的方案，进而建构新世纪里的新天下主义的契机。"确实如此，这确实不是不可能的计划吧？

更有甚者，还有中央党校的教授公开提出警告，对于"一带一路"的政策定位，要求得比全球治理还要低调，主张"如果我们务实地把它定位为经济合作平台和人文交流纽带，其意义已经很重要，可做的工作已经很多"。考量中国历史上并没有积累多少"走出去"的智慧和经验，因此强调怀抱"大同"愿景和"天下"情怀，"先天下之忧而忧，后天下之乐而乐"的境界。同时，讲求"中庸之道"，内敛而自省，奉行"己所不欲勿施于人"甚至"己所欲之也慎施于人"的行事原则。心怀天下本身值得赞誉，但在对外关系中我们必须力求务实和稳重。尤其，由于国内严重的贫富分化、社会矛盾、环境污染，以及经济结构调整缓慢，政治改革进程异常艰难，说明国内问题始终是中国必须予以重点关注、全力解决的重心之所在，提醒中国的敌人其实是中国自己（罗建波，2017）。

5. 朝向"全球公民"时代的新世纪里的世界大同主义

更重要的，若是从社会的角度思考，已经有学者指出，在国家的"一带一路"政策形成与执行过程中，中国社会与人民的公共视野，似乎也渐渐由"仅盯着西方"拓展至眼望全球，这意味着中国进入一种"全球公民"的时代。从现实物质层面的出境旅游目的地与对外交往的变化来看，泰国跃升为第一，马来西亚、斯里兰卡、马尔代夫名列前茅，赴伊朗、土耳其、埃及旅游增长率远超过欧美等国。当然，国家政策的转变也产生效果，政府对外教育援助与文化合作，"一带一路"相关国家正在成为新增长点。"一带一路"不只是产能合作、金融投资增长、自贸区建立、产业园推广、跨国执法监管等经济、政策层面上的互联互通，同样也是在社会价值观与人民的世界视野方面推进了一大步。伴随着世界视野的形成，完整化了内心的全球观以及对世界的空间想象，社会也逐渐成就为"全球公民"的视野，在心理上，社会与人民与整体世界（而不只是西方）正在全面融合中，正在全球层面上（而不只是部分区域）被正视、被接纳、被许可。在学习与传授关系上，中国社会相对于全球社会，既是好学生，也是好老师（王文，2017）。或许，对于新浮现的中国市民社会而言，这是一种新世纪里的世界大同主义、四海一家的价值观的建构，朝向一种全球化时代里新的世界主义（cosmopolitanism）的建构。

6. 朝向有反省性的专业机构与制度，采用更具包容性的可持续的技术

再来，继续回到大卫·哈维期待辩论的线索，资本的再生产是否可能采取不那么暴力、不那么具有破坏性的手段呢（Harvey，2016）[2]？在资本的运动与行为表现之外，商品流通、贸易往来、人员移动以及在地生活素质要提高，必要的基础建设要如何做到？考量地方生态环境，使用可持续发展的手段，能否多考量地方使用者真实的需要？执行的过程中，面对社会与使用者的过程时间可以放慢一些，在技术的选择上，采取比较友善的技术，甚至，技术的逻辑必须服从社会空间的优先性，规划与设计的过程最好能采取参与式的社会过程。在执行过程的

考量上，政策先行，规划接续，设计跟上，友善营造。这不但是对国家政策形构的挑战，更是对专业学院与专业者能力与素质的挑战。相较于过去这些年快速都市与区域发展过程中产生的建成环境与破坏造成的教训，对专业学院而言，这不正是新的范型产生的时刻吗？对专业者与专业社群而言，这不正是正在浮现的市民社会组成的必要机构之一——具有相对自主性的专业社群，以及体制、规则、价值观建构的时候吗？在对西方移植的现代主义与后现代主义美学意识形态的批判性思考之后，特别是针对不可完全被化约的主体性而言，空间体验、时间记忆、仪式创造、过程建构优先于拜物教取向，把人的参与和情感投入找回来，从而建构起共同体意识，正是当前学院的专业教育与专业实务执行中所急需的。

有意思的是，当我与东南大学建筑学院历史与理论组里从事遗产保护实践却也正好参与协助非洲科技产业园区项目的同事讨论到"一带一路"倡议在发达国家不同领域与不同层次受到的质疑时，这位同事的自省态度让我感到吃惊。因为发达国家尤其是西方的学者常不自觉地持傲慢态度，不经意地经常流露出批评的口气，言下之意，拆除成为中国特色、破坏就是当代精神的中国专业实践，水泥就是中国材料的品牌……而我的年轻同事竟然说："我们过去确实做得不够好，但是，现在在'一带一路'倡议下与非洲的合作过程中，我们会反思过去的教训，未来在非洲会比过去在中国做得要好，因为我们才做30年，经验太少了，以后会做得更好……"

7. 在新的历史时势下展开比较都市史的阅读

在相当长的时间里，提起世界，其实就是美欧日等国家和地区，提起国际，更多指涉的就是西方。由前述人民的出境经验，到学者的研究角度，发达国家的世界观偏好，几乎长期垄断成为建构世界观的唯一性与单行道，其余世界都像是不存在与看不见的盲区。因此，"一带一路"倡议正提供了在新的历史时势下比较都市史阅读时，视野扩展、目光放远、眼神关注点多元改变的机会，这是社会知识与思想变化的契机，开始关注西方以外的区域，如西亚、中亚、南亚、东亚、北非、中东欧、拉美等。譬如，截至2016年底，内容涉及"一带一路"的图书超过1000种，涵盖历史、政治、法律、经济、文化、文学、艺术等多学科类别，有关报道超过千万篇，全球各大智库研究报告超过3000份（王文，2017）。"贤者与变俱……循法之功，不足以高世；法古之学，不足以制今。"（《战国策·赵策二》）在对全球的想象中，我们要阅读两本联系起全球网络中的世界城市的书，新的世界史中的丝路与城市节点：彼得·弗兰科潘（Peter Frankopan）的《丝绸之路：一部全新的世界史》（*The Silk Roads: A New History of the World*）和帕拉格·康纳（Parag Khanna）的《超级版图：全球供应链、超级城市与新商业文明的崛起》（*Connectography: Mapping the Future of Global Civilization*）。这个主题也关系着创立90年后的东南大学建筑学院借助新成立的亚洲研究中心与国际学院想要开展的新方向。

另外，林言椒与何承伟主编的《中外文明同时空》（六册），虽然是大众普及版书籍，但也正好为比较都市史提供了新起点。

8. 重思"后韦伯时代"的都市史——必须接上都市中国的都市现实地气

或许，正是在这些基础上，我们看到在1980年后的区域空间结构变迁中，在东部沿海一线——尤其是长三角都会区域——急剧变迁的新城市、城镇、乡村的关系中，杭州作为全球电子商务中心的崛起，看到在在线城镇化（online urbanization）过程里，冒头浮现的新生事物。这就是说，我们必须去了解在当前网络都市化（networked urbanization）过程中所展开的新的城乡关系下浮现的阿里巴巴农村淘宝、淘宝村镇、遂昌赶街等的网络市民，以及他们的组织与协会，他们与地方政府的关系，他们的精神状态、价值观及其历史根源。他们就是都会区域（metropolitan regions）里新浮现的网民（netizens）。本文写就时正值2016年"双十一"，当晚的交易数据说明它已成为席卷全球的网上商品销售仪式，一场越界的在线购物狂欢。[24]这是全球化时代网络社会信息化城市在线消费的"仪典"。

附：课程阅读书目

阿尔弗雷德·申茨，2008．幻方——中国古代的城市．梅清，译．北京：中国建筑工业出版社．

鲍勃·卡特罗尔，2015．信息化城市：超越二元论与走向重建//加里·布里奇，

　　索菲·沃森，编．城市概论．陈剑峰，袁胜育，等，译．桂林：漓江出版社：203-220．

彼得·霍尔，2009．明日之城：一部关于20世纪城市规划与设计的思想史．童明，译．

　　上海：同济大学出版社．〔译自原著第3版〕

彼得·霍尔，2016．文明中的城市．王志章，等，译．北京：商务印书馆．

陈志华，李秋香，2008．村落．北京：生活·读书·新知三联书店．

段义孚，2017．空间与地方：经验的视角．王志标，译．北京：中国人民大学出版社．

弗兰科潘，2016．丝绸之路：一部全新的世界史．邵旭东，孙芳，译．徐文堪，审校．

　　杭州：浙江大学出版社．

傅衣凌，2007．明清农村社会经济/明清社会经济变迁论．北京：中华书局．

傅衣凌，2007．明清时代商人及商业资本/明代江南市民经济初探．北京：中华书局．

葛剑雄，2017．丝绸之路与中国和世界．方所成都店演讲，06-11．

宫本一夫，2014．从神话到历史：神话时代 夏王朝．吴菲，译．

　　桂林：广西师范大学出版社．（日文版于2005年出版）

何炳棣，2012．读史阅世六十年．北京：中华书局：386-392．

胡恒，2015．作为现在的过去：曼弗雷多·塔夫里与《文艺复兴诠释：君主、城市、建筑师》．

　　建筑师，177（5）：94-103．

黄宗智，2003．中国研究的范式问题讨论．北京：社会科学文献出版社．

黄宗智，2015．实践与理论：中国社会、经济与法律的历史与现实研究．北京：法律出版社．

卡纯卡·莱因哈特（Katrinka Reinhart），2014．祭祀饮食：理论与实践的思考——偃师商城的

　　食性研究．曹慧奇，译．李翔，校//许宏，主编，2014．夏商都邑与文化（一）——夏商都邑

　　考古暨偃师商城发现卅周年国际学术研讨会论文集．北京：中国社会科学出版社：209-232．

卡尔·马克思，1995．政治经济学批判（1857—1858年手稿）（手稿前半部分）//中共中央马

　　克思恩格斯列宁斯大林著作编译局．马克思恩格思全集（第30卷）．北京：人民出版社．

科大卫，2005．告别华南研究//学步与超越：华南研究会论文集．

香港：文化创造出版社：9-30.

雷蒙·威廉斯，2005．关键词：文化与社会的词汇．刘建基，译.

北京：生活·读书·新知三联书店.

雷蒙·威廉斯，2013．乡村与城市．韩子满，等，译．北京：商务印书馆.

蕾切尔·努维尔，2017．西方文明可能以何种方式崩溃．BBC中文网：

https://www.bbc.com/zhongwen/trad/39989261.2017-05-20

林言椒，何承伟，主编，2009．中外文明同时空（六册）．上海：上海锦绣文章出版社.

卢川，2016．清代满城规划的历史与范型研究．第八届城市规划历史与理论高级学术

研讨会暨中国城市规划学会城市规划历史与理论学术委员会年会会议报告.

南京：中国城市规划学会，东南大学建筑学院，2016-11-11.

罗建波，2017．中国的敌人或许是中国自己．06-14. http://www.xici.net/d240926547.htm

罗纳德·哈里·科斯，2016．我已98岁，对中国有十大忠告．电力视窗，2016-8-15.

罗威廉，2005．汉口：一个中国城市的商业和社会（1796—1889）．江溶，鲁西奇，译.

北京：中国人民大学出版社.

罗威廉，2008．汉口：一个中国城市的冲突和社区（1796—1895）．鲁西奇，罗杜芳，译.

北京：中国人民大学出版社.

罗威廉，2013．红雨：一个中国县域七个世纪的暴力史．李里峰，等，译.

北京：中国人民大学出版社.

罗威廉，2016．最后的中华帝国：大清．李仁渊，张远，译．北京：中信出版社.

曼威·柯司特，2000．网络社会之崛起．夏铸九，王志弘，译．修订再版.

台北：唐山出版社.

帕拉格·康纳，2016．超级版图：全球供应链、超级城市与新商业文明的崛起.

崔传刚，周大昕，译．北京：中信出版集团.

皮林·戴维，2017．中国带给非洲一代人"最重要发展"．转引自：参考消息，

2017-06-20（14）.（原标题："非洲：中国雄心的试验场"）

青木，2017．欧洲议会议长无理批中国"殖民非洲"．环球时报，2018-3-31（3）.

陕西省考古研究院，榆林市文物考古勘探工作队，神木县文体广电局，

石峁遗址管理处，2016．发现石峁古城．北京：文物出版社．

陕西省考古研究院，榆林市文物考古勘探工作队，神木县文体广电局，
　　石峁遗址管理处，2017．石峁遗址．

施坚雅，2000．中华帝国晚期的城市．叶光庭，等，译．北京：中华书局．

苏秉琦，2013．中国文明起源新探．北京：人民出版社．

唐晓峰，齐慕实，1984.《四方之极》一书的简介．中国史研究动态．第2期：27-30.

王笛，2010．茶馆：成都的公共生活和微观世界，1900—1950．北京：社会科学文献出版社．

王和，张翀，2009．专家导言：公元前221年之前的中外文明概说 // 林言椒，何承伟．
　　中外文明同时空：春秋战国VS希腊．上海：上海锦绣文章出版社：2-3.

王鲁民，2016．"轩城"、广域王朝与帝尧、大禹的都城制作．第八届城市规划历史与理论高级
　　学术研讨会暨中国城市规划学会城市规划历史与与理论学术委员会年会报告．
　　中国城市规划学会，东南大学建筑学院，主办．南京，2016年11月11-12日．

王鲁民，2017．营国——东汉以前华夏聚落景观规制与秩序．上海：同济大学出版社．

王秋桂，丁荷生（Kenneth Dean），2005/04/15. "A Comparative Study of Chinese Local
　　Society in Historical Perspective: Lineage, Ritual, Economy and Material Culture in
　　the Chinese Village".

王文，2017."一带一路"重塑中国人世界观．参考消息，06-19（11）．

温铁军，2017a．中国为什么每逢大危机都能力挽狂澜？．05-25.
　　https://www.sohu.com/a/143449062_426323

温铁军，2017b．市民下乡与农业进城——农村新政解读．04-21.
　　http://www.sohu.com/a/135598277_653202

夏鼐，2009．中国文明的起源．北京：中华书局．

夏铸九，1997．都市史的理论反思——从戴奥斯、考斯多夫到柯司特(Making a Better-told
　　Tale of Cities: From Dyos, Kostof to Castells). 城市与设计学报，1997-06（1）：51-74.

夏铸九，2016．理论城市历史——从戴奥斯、考斯多夫到柯司特．
　　异质地方之营造：理论与历史．台北：唐山出版社：15-35.

徐泓，2016."新清史"论争：从何炳棣、罗友枝论战说起．首都师范大学学报（社会科学版），
　　1（2）：1-13.（亦见于：新华文摘，2016（10）：57-62.）

徐进钰，2017．中国"一带一路"的地缘政治经济：包容的天下或者例外的空间？

　　开放时代，第2期．http://m.weidu8.net/wx/1000148942120678

许宏，2016．大都无城——中国古都的动态解读．北京：生活·读书·新知三联书店：15-21．

杨鸿勋，2007．中国古代居住图典．云南：云南人民出版社．

杨鸿勋，2009．宫殿考古通论．北京：紫禁城出版社．

易华，2012．夷夏先后说．北京：民族出版社．

张光直，1986．连续与破裂——一个文明起源新说的草稿．香港：九州学刊，第1期：1-8．

张光直，1988．美术、神话与祭祀．郭净，译．沈阳：辽宁教育出版社．（英文出版于1983年）

张光直，2013a．中国青铜时代．北京：生活·读书·新知三联书店．

张光直，2013b．中国古代考古学．印群，译．北京：生活·读书·新知三联书店．

　　（英文原文出版于1963年、1968年、1977年、1986年）

张光直，2013c．考古学：关于其若干基本概念和理论的再思考．曹兵武，译．

　　北京：生活·读书·新知三联书店．（英文原文出版于1966年）

张光直，2016．艺术、神话与祭祀：古代中国的政治权威之路．刘静，乌鲁木加甫，译．

　　北京：北京出版社．（英文原文出版于1983年）

张海洋，2012．序二："慎终追远，正本清源" // 易华．夷夏先后说．北京：民族出版社：5-20．

赵辉，2017．良渚的国家形态．中国文化遗产，第3期．

　　（亦发表于：赵辉，2018．良渚的国家形态．观察者，01-30．）

郑振满，2009．明清福建家族组织与社会变迁．北京：中国人民大学．

中村慎一，2003．良渚文化的遗址群．刘恒武，译 // 北京大学中国考古学研究中心，

　　北京大学震旦古代文明研究中心编辑．古代文明．第2卷，北京：文物出版社：51-64．

中村慎一，2002．中国石器时代之都市．建设杂志，第1488号．

周晶，李天，2016．传统入藏交通线上驿站型城镇的形成与发展研究．第八届城市规划历史与

　　理论高级学术研讨会暨中国城市规划学会城市规划历史与理论学术委员会年会会议报告．

　　南京：中国城市规划学会，东南大学建筑学院，2016-11-11．

庄英章，2005．历史人类学与华南区域研究——若干理论范式的建构与思考．

　　历史人类学学刊，3（1）：155-169．

BACON E，1967．The Design of Cities．London and New York: Thames and Hudson.

CASTELLS M，1977．The Urban Question: A Marxist Approach．Cambridge, Mass.:
MIT Press. (French Original 1972)

CASTELLS M，1999．"The Culture of Cities in the Information Age," paper presented for
the Library of Congress Conference "Frontiers of the Mind in the Twenty-first Century,"
Washington, DC, June 14-18, 1999; also published in: SUSSER Ida ed.，2002.
The Castells Reader on Cities and Social Theory．Oxford: Blackwell: 367-389.

CASTELLS M，2000．Urban Sociology in the Twenty-first Century // SUSSER Ida ed.
The Castells Reader on Cities and Social Theory．Oxford: Blackwell: 390-406.（中译本：
曼纽尔·卡斯特．21世纪的都市社会学．刘益城，译．夏铸九，校订．城市与设计学报，
第13/14期，2002-09.）

CASTELLS M，2000．The Rise of the Network Society．2nd edition．Oxford: Blackwell.

CATTERALL B，2000．Informational Cities: Beyond Dualism and Toward Reconstruction//
BRIDGE G，WATSON S eds．A Companion to the City．Oxford: Blackwell: 192-206.

CHILD G，1960．"The Urban Revolution"．Town Planning Review, April.

COSGROVE D E，1984．Social Formation and Symbolic Landscape.
New Jersey: Barnes and Nobel.

DEAN K，2003．"Local Communal Religion in Contemporary South-east China".
The China Quarterly, volume 174: 338-358.

FRANKOPAN P，2015．The Silk Roads: A New History of the World．London: Bloomsbury.

GIROUARD M，1985．Cities and People: A Social and Architectural History.
New Haven, Connecticut: Yale University Press.

HALL P，1998．Cities in Civilization: Culture, Innovation and Urban Order.
London: Weidenfeld & Nicolson.

HALL P，2014．The Cities of Tomorrow: An Intellectual History of Urban Planning
and Design Since 1880．4th ed．Oxford: Blackwell.

HARVEY D，1972．"Review of The Pivot of the Four Quarters: A Preliminary Enquiry into
the Origins and Character of the Ancient Chinese City". In: Paul Wheatley．Annals of

the Association of American Geographers, vol. 62, no. 3: 509–513.

HARVEY D，2001a．The Spatial Fix: Hegel, Von Thünen and Marx // Spaces of Capital:
Towards a Critical Geography．London: Routledge: 284-311.

HARVEY D，2001b．Globalization and "spatial fix"．geographische, no.2: 23-30．

HARVEY D，2003．Paris, Capital of Modernity．London: Routledge.

HARVEY D，2016．The Ways of the World．New York: Oxford University Press.

HARVEY D，2017．"The Visualization of Capital as Value in Motion"，lectures, June 3rd, June 6th,
Center for Studies of Marxist Social Theory at Nanjing University, Department of Philosophy
at Nanjing University, Nanjing, and Liu Yuan, Southeast University, Nanjing, China.

HAYDEN D，1981．The Grand Domestic Revolution: A History of Feminist Design for American
Homes, Neighborhoods, and Cities．Cambridge, Massachusetts: The MIT Press．

HAYDEN D，1995．The Power of Place: Urban Landscapes as Public History．
Cambridge, Massachusetts: The MIT Press．

HAYDEN D，2002．Redesigning the American Dream: The Future of Housing,
Work and Family Life．New York: W. W. Norton.

HAYDEN D，2004．Building Suburbia: Green Fields and Urban Growth, 1820-2000．
New York: Vintage.

HAYDEN D，2004．A Field Guide to Sprawl．New York: W. W. Norton.

HAYDEN D，2006．American Yard．Cincinnati, Ohio: David Robert Books.

HAYDEN D，2010．Nymph, Dun, and Spinner．Ohio: David Robert Books．

HOWARD E，1989．To-morrow: A Peaceful Path to Real Reform．
London: Edward Adolf Sonnenschein.

JACOBS J，1969．The Economy of Cities．New York: Vintage Books．(中文简体字版：
简·雅各布斯，2007．城市经济．项婷婷，译．北京：中信出版社；中文繁体字版：
珍·雅各，2016．城市经济学．梁永安，译．台北：早安财经文化．)

JACOBS J，2000．The Nature of Economies．New York: Vintage: 32-34.

JOHNSON D，2005．"Comments on Methodology"，Workshop on the Comparative Study of
Chinese Local Society, Institute of History and Philology, Academic Sinica, Taipei, Sept. 11-13.

KHANNA P, 2016. Connectography: Mapping the Future of Global Civilization.

New York: Random House.

KING A, 1990. Urbanism, Colonialism, and the World-Economy: Cultural and

Spatial Foundations of the World Urban System. London: Routledge.

KING A, 1990. Global Cities: Post-Imperialism and the Internationalization of London.

London: Routledge.

KOSTOF S, 1986. "Cities and Turfs". Design Book Review. No.10, Fall: 35-39.

KOSTOF S, 1991. The City Shaped: Urban Patterns and Meanings Through History.

London: Thames and Hudson.

KOSTOF S, 1992. The City Assembled: The Elements of Urban Form Through History.

London: Thames and Hudson.

LE CORBUSIER, 1929. The City of Tomorrow and Its Planning. London: John Rodher.

[Translated by Frederich Etchells from L'Urbanisme.]

LEFEBVRE H, 1991. The Production of Space. Oxford: Blackwell. (French Original 1974, 1984)

LEWIS M E, 2006. The Construction of Space in Early China.

Albany: State University of New York Press.

LYNCH K, 1981. A Theory of Good City Form. Cambridge.

Massachusetts: The MIT Press, 1981.

MOHOLY-NAGY S, 1968. The Matrix of Man. New York: Praeger.

MORRIS A E J, 1974. The History of Urban Form. London: Longman.

MUIR E, 1981. Civic Ritual in Renaissance Venice.

Princeton, New Jersey: Princeton University Press.

PERLMAN J, 1976. The Myth of Marginality. Berkeley and Los Angeles:

University of California Press.

ROWE W T, 1984. Hankow: Commerce and Society in a Chinese City, 1796-1889.

Stanford: Stanford University Press.

ROWE W T, 1989. Hankow: Conflict and Community in a Chinese City, 1796-1895.

Stanford: Stanford University Press.

ROWE W T, 2007. Crimson Rain: Seven Centuries of Violence in a Chinese County.

  Palo Alto, California: Stanford University Press.

ROWE W T, 2009. China's Last Empire: The Great Qing.

  Cambridge, Massachusetts: Harvard University Press.

SAHLINS M, 1972. Stone Age Economics. London: Routledge.

SANDERCOCK L, 1998. Making the Invisible Visible: A Multicultural Planning History.

  Berkeley, California: University of California Press.

SCHINZ A, 1996. The Magic Square: Cities in Ancient China. Stuttgart/London.

SCHORSKE C E, 1981. Fin-De Siecle Vienna: Politics and Culture. New York: Vintage.

SENNETT R, 1991. Conscience of the Eye: The Design and Social Life of Cities. New York: Norton.

SENNETT R, 1994. Flesh and Stone: The Body and the City in Western Civilization.

  New York: Barnes & Noble.

SKINNER G W, 1977. The City in Late Imperial China.

  Stanford, California: Stanford University Press.

SMITH M E, UR JASON, FEINMAN G M, 2014. "Jane Jacobs' 'Cities First' Model and

  Archaeological Reality. International Journal of Urban and Regional Research.

  Vol.38, No.4: 1525-1535.

SOJA E W, 2000. Postmetropolis: Critical Studies of Cities and Regions. Oxford: Blackwell.

STUCKEY B, 1973. "Moyens de transport et developpment africain:

  les pays sans acces cotier". espaces et societes, Oct: 119-126.

STUCKEY B, 1975. "Spatial Analysis and Economic Development".

  Development and Change. vol.6, no.1, January: 89-101.

STUCKEY B, 1976. "From Tribe to Multinational Corporation:

  An Approach for the Study of Urbanization", Ph.D. Dissertation, UCLA.

TAFURI M, 1995. Venice and the Renaissance. Cambridge, Massachusetts: The MIT Press.

TAFURI M, 2006. Interpreting the Renaissance: Princes, Cities, Architects.

  SHERER D, trans. New Haven, Connecticut: Yale University Press.

TAYLOR P, 2012. "Extraordinary Cities: Early 'City-ness' and the Origins of Agriculture and

States". International Journal of Urban and Regional Research. vol.36, no.3: 415-447.

TAYLOR P, 2015. "Post-Childe, Post-Wirth: Response to Smith, Ur and Feinman.
International Journal of Urban and Regional Research. vol.39, no.1: 168-171.

TEKELI I, 1994. "The Patron-client Relationship: Land-rent Economy and the Experience
of 'Urbanization Without Citizens // Susan Neary, Martin Symes, and Frank Brown eds.
The Experience: A People-Environment Perspective. London: E & FN Spon: 9-18.

TUAN Yi-Fu, 1974. Topophilia: A Study of Environmental Perception, Attitudes and
Values. Engelwood Cliffs, New Jersey: Prentice-Hall.

TUAN Yi-Fu, 1977. Space and Place: The Perspective of Experience.
Minneapolis, Minnesota: University of Minnesota Press.

WANG D, 2008. The Teahouse: Small Business, Everyday Culture, and Public Politics in
Chengdu, 1900-1950. Stanford, California: Stanford University Press.

WANG D, 2003. Street Culture in Chengdu: Public Space, Urban Commons, and Local
Politics, 1870-1930. Stanford, California: Stanford University Press.

WHEATLEY P, 1971. The Pivot of the Four Quarters: A Preliminary Enquiry into the
Origins and Character of the Ancient Chinese City. Chicago, Illinois: Aldine.

WHEATLEY P, 2008. The Origins and Character of the Ancient Chinese City:
The City in Ancient China, vol.1. New Brunswick, New Jersey:
Aldine Transaction, A Division of Transaction Pub.

WHEATLEY P, 2008. The Origins and Character of the Ancient Chinese City:
The Chinese City in Comparative Perspective, vol.2. New Brunswick, New Jersey:
Aldine Transaction, A Division of Transaction Pub.

WILLIAMS R, 1973. The Country and the City. Oxford: Oxford University Press.

WILLIAMS R, 1976. Keywords: A Vocabulary of Culture and Society.
Oxford: Oxford University Press.

WIRTH L, 1938. "Urbanism as a way of life". American Journal of Sociology, vol.44, no.1, pp.1-24.

ZUKIN S, 1991. Landscape of Power: From Detroit to Disney World.
Berkeley and Los Angeles: University of California Press.

注释

1 修改前论文曾发表于在南京举办的第八届城市规划历史与理论高级学术研讨会暨中国城市规划学会城市规划历史与理论学术委员会2016年会（中国城市规划学会、东南大学建筑学院主办，2016年11月11—12日）。论文修改后同时作为东南大学"方法论——比较都市史"研讨课提供的主要阅读书目的导言；删去结尾后论文发表于《建筑师》2017年第4期（8月），总188号，第55-73页。

2 可以参考：夏铸九，2017."比较都市史与规划史"课程大纲.东南大学建筑学院.

3 这些建筑取向的通史写作例如：*The Design of Citie*（Bacon，1967）；*The Matrix of Man*（Moholy-Nagy，1968）；*The History of Urban Form*（Morris，1974）。

4 可以参考：《都市史的理论反思——从戴奥斯、考斯多夫到柯司特》（夏铸九，1997）；《理论城市历史——从戴奥斯、考斯多夫到柯司特》（夏铸九，2016）。

5 见《夷夏先后说》（易华，2012）以及张海洋为该书所作序《慎终追远，正本清源》（第5-20页）。

6 沈长云在2013年指出石峁古城是黄帝部族的居邑，虽然还有争议，但是可以肯定石峁古城是作为公元前2300年中国北方区域政治体的中心而存在的。相关讨论可以参考《发现石峁古城》。

7 见百度百科"良渚文化"词条。

8 见百度百科"凌家滩遗址"词条。

9 见百度百科"良渚文化"词条。

10 见张光直：《考古学：关于其若干基本概念和理论的再思考》，第15页。关于city与urbanism、urbanization几个词的讨论，似乎循芝加哥学派界定的当代都市文化观点（后文会讨论）与刘易斯·芒福德的界定，因为与关心的中国文明形成期关系不大，张光直并未多说。见张光直：《中国青铜时代》，第28页。

11 "带血的斧钺"确立了家天下的体制，见王和、张翀：《专家导言：公元前221年之前的中外文明概说》，出自林言椒、何承伟所著《中外文明同时空：春秋战国VS希腊》，上海锦绣文章出版社，2009年，第2-3页。

12 为了避免欧洲中心主义的模糊地理措辞，本文使用"西亚"来替代所指含糊的"近东"。

13 此书在1902年更改书名，原书名为"*To-morrow: A Peaceful Path to Real Reform*"。作者霍华德是田园城市运动的推动者。

14 这种理论角度才使我们对所谓的郊区化（suburbanization）提法有了分析性认识，对所谓美国梦有"解秘"作用，郊区化也不是人类城市的自然生。

15 也正因为这个理论角度，我们才对都市规划与国家甚至是地方政府的作用有了分析性认识，这才是理解资本主义，尤其是福利国家社会的"都市"（urban）这个词的关键。

16 这一段关于新都市社会学的简要回顾，改写自卡斯特尔2000年发表的《21世纪的都市社会学》。

17 有意思的是，都市民族志作为一种田野工作的研究方法，倒是成了芝加哥学派留存下来的一项传统。

18 对作者而言，安东尼·金（Anthony King）在1990年同时出版的两本书《城市化、殖民化和世界经济：世界城市体系的文化和空间基础》（*Urbanism, Colonialism, and the World-Economy: Cultural and Spatial Foundations of the World Urban System*）和《全球化城市：后帝国主义与伦敦的国际化》（*Global Cities: Post-Imperialism and the Internationalization of London*）可以说是对20世纪80年代的空间的政治经济学取向做了很好的总结。但是这两本书，尤其是后者，竟也像是20世纪90年代之后，面对经济全球化与信息化资本主义的挑战，在新理论角度建构时所要求的重新发问之前的句点。

19 "没有市民的都市化"是土耳其第三世界社会学者伊汉·塔卡利（Ilhan Tekeli）的论点。（Tekeli，1994）

20 参见南京大学历史系罗晓翔教授的比较城市研究课程大纲。

21 见彼得·霍尔的《明日之城》（*The Cities of Tomorrow*）一书。"移植"是其中的核心概念。

22 见前文，村落与城镇，或许是一个与周围的社会有动态关系的幅射轴心。见王秋桂、丁荷生（Kenneth Dean）文章："A Comparative Study of Chinese Local Society in Historical Perspective: Lineage, Ritual, Economy and Material Culture in the Chinese Village"。

23 这是2016年3月8日外交部长王毅在全国人大会议举行的"中国的外交政策和对外关系"记者会上说的话，见《环球时报》，2016-03-09（6）。

24 2016年11月12日零时，阿里巴巴旗下的淘宝天猫平台宣布"双十一"全天在线交易额达1207亿元人民币，再创历史新纪录。与此前不同的是，电商在线购物涉及的范围几乎覆盖了全球220多个国家和地区，甚至包括在战火中的叙利亚。德国新闻电视台说，这是"新的网络经济帝国"。见《环球时报》，2016-11-12（1）。

方法论的重建

亚洲建筑与城市研究[1]

一、引言

　　以2015年11月《建筑学报》（第566期）的主题"亚洲视野下的建筑历史与理论前沿"作为论述起点，东南大学建筑学院有意设立亚洲建筑研究的学术基地，这是很有意义的事。作为学术研究基地，不但可以继承东南大学过去刘敦桢、童寯、杨廷宝等老一辈的学院传统，主要是20世纪50年代华东院支持成立的中国建筑研究室所展开的民居与园林研究的进一步开展，也关系着20世纪80年代以后郭湖生的东方建筑史研究；而且可以经由核心教师群、国内与国外访问学者、博士课程（针对亚洲建筑研究可要求第二语言），同时招收亚洲别国学生，以方法论课程为基础，整合相关历史与理论课程，逐步建立起信息时代开放的学术研究的网络（network），确立历史与理论信息流动的学术研究节点（node）；同时建立起朝向未来的行动计划，支持建筑设计与规划计划，避免封闭而内向的国族取向计划的陷阱。在当前国家政策向"一带一路"与亚投行倾斜的时势下，亚洲建筑中心不难获得国家的制度性支持，与西安的丝绸之路遗产中心合作[2]，同时，作为"一带一路"的越界的学院信息传递者角色，也容易获得来自市民社会中专业界的支援[3]。因此，东南大学亚洲建筑中心的成立可谓正是时候。本文尝试在方法论重建的层面，贡献一点理论问题与研究疑旨（problematic）的思考。

二、亚洲的界定与难题：
亚细亚的特殊性

由维基百科的"亚洲"词条，可以看到从字源学与地理学角度的释义说明。亚洲（字源古希腊语：Aσία；拉丁语：Asia），也译作"亚细亚洲"。亚细亚是一个古老的名称，希腊人称呼他们的东方（一说为太阳升起的地方）为亚细亚，可能是来源于亚述人的名称，"亚述"一词在亚述的语言中也代表东方，原来指涉希腊东方的小亚细亚半岛，后来扩展到包括所有东方地区。由自然地理的角度，欧亚（Euro Asia）大陆是一个庞大而完整的地块，可是欧罗巴洲与亚细亚洲的边界却是社会性的界定，亚洲是欧洲的建构（European construct），即，欧洲以外的东方与北方就是亚洲。这种欧洲中心的历史地理界定，由欧洲的角度界定亚洲边界，可以追溯至古希腊希罗多德（Herodotus，约公元前484—前425年）的历史写作：亚细亚者，希腊之东，日后罗马的东方省也。而亚洲的历史和文化相当悠久，人类文明五大发源地中，美索不达米亚、印度河流域、黄河与长江都位于亚洲，人类最早的美索不达米亚文明、印度河流域文明、尼罗河流域文明、爱琴文明、黄河与长江文明，彼此之间都有着经济与文化乃至于城市群之间的交流。同时，亚洲是世界三大宗教——佛教、伊斯兰教和基督教的发源地。即使追溯至古希腊文明的构成，小亚细亚都是其文明的科技贡献地。换句话说，亚洲的经济和文化水平曾经在世界上长期居于领先地位，中国的四大发明、古印度人发明的包括"0"在内的阿拉伯数字，还有其他许多科学上的发明创造，都为世界文明发展做出了巨大贡献。然而，亚洲的特殊性在于

　　　　第一章　理论辩论

其幅员广阔，人口众多，语言与族群复杂多元，没有共同的语言与文字，经济与社会发展殊异，国家政体同样复杂，几乎包括了现在世界上所有形式的政府结构；甚至亚洲的气候特征也不遑多让，类型复杂多样、季风气候典型、大陆性特征显著，而气候变迁对生态环境的冲击、移民与流动、生活空间的塑造，地景、城市以至于建筑的改变，更是文明形成与改变的重大力量。亚洲建筑研究必须同时面对东亚、东北亚、东南亚、南亚、中亚、西亚、北亚等分区，或是前述两河流域阿拉伯文明、印度河流域文明、黄河与长江流域文明的不同类型以及其间的交流互动。针对亚洲的研究工作极难操作，除了语言沟通被迫使用英语为共同语外，更在于，亚洲各国之间落差甚大，稍有不慎就易伤及各国自尊心，故宜由小处先行。总之，正是由于这种以欧洲中心定义亚洲的现实情境，才更需要在本体论与认识论层面上重建方法论，重新发问，重构理论概念，与欧洲中心的西方建筑论述重新连接，平等对话。

三、方法论重建一：
建筑论述作为权力的草皮与领地

因为面对西欧中心的建筑论述（discourse of architecture），亚洲建筑的研究不是中性的文字写作，而是一种价值观的竞争，这是权力的草皮与领地[4]，也是一种论述空间（discursive space，或称 representations of space）的争夺，对当前中国所面对的全球形势而言，它甚至关系着领导权的计划（hegemonic project）[5]。首先，宜避免东方／西方、中国／西方、传统／现代这种二元对立的、封闭的民族主义论述与西方现代化论述，将工业化、都市化、西化视为等同的产物；[6]其次，权力的草皮与领地争夺的核心直接指涉着对建筑定义的本体论质疑，我们必须仔细阐述。

四、方法论重建二：质疑西方资产阶级建筑的定义，
扩充建筑的范畴，急需建筑"解秘"，解除神话

建筑（architecture）是西欧文化中孕育的一门营造艺术，在15世纪文艺复兴时期，当代

的建筑师角色才开始浮现。到了18世纪，建筑成为美术（fine arts）的一支，以其审美价值区分于营造（building）。

然而，对照当前的网络社会，节点是流动的要害，门户的体验越发关键。由于我们对火车站与机场的感怀，于是"车站是远行的起点，也是归来的终点"。看看巴黎奥塞美术馆对车站的再利用，伦敦的国王十字车站与紧连着的圣潘克拉斯车站，看看它们的空间气势与使用经验，现在的建筑学学生已经很难理解19世纪的资产阶级美学论述竟然认为这些不是建筑——因为在后者看来，建筑必须是美的建筑物（building）。这种保守的美学偏见造就的区分（distinction），当然就被工业革命营造技术与材料支持的园艺师设计的水晶宫重重羞辱，被土木工程师设计的埃菲尔铁塔历史性地复仇，20世纪的现代建筑也因此在工业社会的童年诞生。在今天，21世纪信息技术革命再度改变了我们的经验方式，流动空间（space of flows）使得建筑就是媒体，是传播、沟通力量的再现，是空间意义竞争的领域。我们在纽约拉瓜迪亚机场里可以看到"绝大多数人低头，忙着网游，因为候机大厅的休息区、餐厅、咖啡吧、酒吧提供了免费上网的iPad。等待登机的旅客忙着收发邮件、上脸书、查询目的地信息，沉醉在网络世界"。在孤寂的机场里，建筑太沉重，早已被抛诸脑后，后建筑时代（the age of post-architecture），天涯若比邻也。[7]

所以，即使不必提后现代主义对工业社会建筑质疑之后的范型转移（paradigm shift），我们也可以直接引用建筑史字典中的条目，作为本文质疑的历史文献资料。这就是由最能表现既得论述权力的资深主流建筑史家尼古拉斯·佩夫斯纳（Nikolaus Pevsner）等人负责编撰的企鹅版《建筑与地景建筑字典》（*Dictionary of Architecture and Landscape Architecture*），在1990年的第五版中，前所未见地修改了自1966年初版就使用的书名《建筑字典》（*Dictionary of Architecture*），对其进行扩充，加入地景建筑的范畴，也新增列了对"Architecture"本身的定义条目。[8]释义如下："与审美的、功能的或其他准则相符合的设计结构体与其周围环境的艺术与科学。建筑与营造（建筑物，building）之间的区分，例如约翰·拉斯金的提法[9]，已经不再被接受了。建筑现在被理解为设计环境围绕的整体，包括建筑物、都市空间以及地景（buildings, urban spaces and landscape）。"

在古罗马时代，曾任罗马执政官凯撒的军事工程师、研究希腊学的维特鲁威，[10]在论建筑的《建筑十书》里，就以希腊化时期思想家们习用的三个一组的思考范畴（如柏拉图的真、善、美分类），主张坚固、适用、美观（firmitatis, utilitatis, venustatis）的建筑三原则[11]，强调建筑师要具备许多学科知识与种种技艺，手艺与理论必须兼具。可是，这个建筑的古典定义，却对建筑的意义未置一词，充分表现了古罗马社会是个一言堂的社会。我们且先按下不表，暂时绕道书写。

首先，我们的亚洲建筑研究的方法论不能划地自限，应该慎重地扩充为亚洲建筑与城市的研究（The Research on Architecture and Cities in Asia）。即使机构名称已定，实际运作时指导研究的理论视角确实必须重构。尤其，相较于建筑史（architectural history）领域，都市史（urban history）领域在西方学院中到了20世纪80年代才成为竞争的领地，这时历史与制度的脉络都已经全然不同于昔日建筑史论述的历史形构条件，经历1968年之后的范型转移对历史研究与社会科学学院的冲击，美学与形式主义取向的建筑史论述已经完全没有占领草皮的能力了。史毕罗·考斯多夫经由书评苦心开导他的建筑史同行在美学上的形式主义偏见就是一个显例。[12] 以及，面对1968年之后的范型转移，安东尼·金（Anthony King）在1983年的《都市史年报》上，强调当时新马克思主义学者在都市研究（urban studies）上的知识贡献与对都市史的重要性。[13] 今天，亚洲建筑与城市研究的节点在2016年年初形成之际，全球信息化时代的中国都市现实又再次将全世界学院里的都市研究者——包括西方的顶尖学院与中国自己的研究者——远远抛在了后头，这不仅仅是规模、幅度及转变速度的惊人，而且是一个人类历史上从没有发生过的网络都市化（network urbanization）经验，新都市问题（the new urban questions）迫使我们重构既有的知识成见与专业惯行，从而提出都会治理的因应之道。[14]

其次，对《建筑的七盏明灯》的作者拉斯金而言，"建筑和蜂巢、鼠窟或者火车站的巨大区别，就在于建筑比它们多了一些精神"。虽然拉斯金是社会主义者，可是他的美学观却仍然充满黑格尔右翼唯心论主导的资产阶级偏见。但火车站与铁塔占领都市现实的地标效果否定了他们的保守成见。

我们继续引用前述企鹅版《建筑与地景建筑字典》条目："而建筑理论，可溯及维特鲁威与他仰赖的已失传的古希腊著作。从那时起直到现在，还延续着许多文化的、心理的以及象征的，一如空间的、结构的以及其他的诠释……建筑师心中仍旧萦绕着许多问题：建筑在表现什么？什么是它在再现的？以及，用什么手段（象征的或是其他的方法）它能为之？"

换句直截了当的话说，既然architecture隐藏了偏见，那建筑师表现什么？建筑再现了什么？以及，建筑的象征意义为何？今天已经是最有争议的关键，甚至建筑师自己，多难置喙。意义竞争的根源，其实就在于利益与权力。建筑，尤其关系着特定的历史与社会对空间意义的象征性表现，是空间之诗，是不以语言表现、而以空间意象表现的诗，吸引了社会注意，确实值得"解秘"和去神圣化。这正是建筑史家的任务，而不是在社会中与建筑师结构性共谋的建筑评论家意识形态鼓吹者的任务。我们看到现实里全球都会区域的中心城市，如台北，推出101大厦，力争成为世界第一高的摩天楼，这里是垄断资本抢占发号施令的节点；而北京，乘奥运与经济发展之势，改造城市，设计新建筑，以至被意大利建筑师里卡多·波菲（Ricardo Bofill）称为"建筑的好莱坞"（Hollywood for Architecture）！ [15] 简言之，有关空间性质的哲学问题没有哲学上的答案，答案存在于人类的实践中。[16] 对建筑与城市的本体论发问必须被替代为：不同的人类实践如何创造与使用不同概念化的空间？这个特定社会过程为建筑与城市赋予了怎样的社会意义？这是一种认识论的发问方式。

五、方法论重建三：历史研究的自主性建构，其与设计、规划之知识关系的重建

关于建筑史本身的历史写作，在20世纪70年代社会变动催生的建筑史家中，取得最重要成果的可以说是曼弗雷多·塔夫里与大卫·沃金两位学者，他们的著作分别由左、右两翼对建筑史写作提出了反思。[17] 于是，认识建筑史论述的历史形构（the historical formation of the discourse of architectural history）是认识论的疑旨与发问方式，西欧建筑史的论述建构过程受到历史的检视。

由建筑史的角度思考吾人更贴身的困境，若是由亚洲建筑与城市研究的角度发问，就会提出这样的研究问题：现代建筑（modern architecture）是在什么脉络下在近代亚洲营造的？现代建筑论述又是如何制度性地建构起来的？以及，面对当前的全球信息化趋势，负责任的、有自觉的建筑与规划教育的范型转移，亚洲的建筑教育，以至于建筑史教育要如何因应？然后，建筑史论述实践中的抵抗与反省轨迹如何，这是论述与写作的空间。[18]

建筑"解秘"，解除神话，可以说是1968年前后社会理论反思的重要成果。我们可以看到建筑史、建筑研究与应用之间关系的彻底改变。建筑史研究不再是建筑设计应用时的工具性角色。建筑史与研究的自主性重新建构，不只是在学院中的位置，也关乎反省彼此在资本主义商品化过程与社会结构中的角色。操作性批评（operative criticism）受到质疑，建筑评论者不再是嗅觉灵敏的猎犬，不再能够为建筑形式的创新鸣锣开道。"没有批评，只有建筑史"，曼弗

雷多·塔夫里与威尼斯学派为此作出了具有里程碑意义的贡献。[19]

最后，历史研究与设计、规划的知识关系，不在于以设计过程与方法联系起空间形式的语言，并作为象征沟通的工具，比如以历史类型学（historical typology）联系历史分析与设计方法——这些仍然是唯心论艺术史的黑格尔假设的哲学关联。[20]与此不同，与建筑和都市模式（architectural and urban patterns）的历史研究相关的，以人为中心，社会与实质物理空间并举，将城市作为提供意义的脉络，才是历史分析与规划、设计以至于遗产保存实践的知识连接，才是朝向明日的亚洲建筑与亚洲城市前进。[21]

六、方法论重建四：当代建筑与城市史的现代性移植与断裂是重要研究发问，现代建筑史为何不是连续的？那么殖民现代性如何面对？网络社会的知识重构的危机进一步挤压既有西方中心支配性的建筑论述

早期建筑史研究的先行者，如刘敦桢、童寯以至于梁思成，他们所移植的研究方法为建筑史研究作出了贡献。他们的写作空间（writing spaces），或者说空间的再现（representations of space），大体上都选择了通史类型，在通史的架构下再进一步建构建筑类型的历史研究。但通史多为国史建构，西欧中心的建筑论述主要巩固的是18世纪之后西欧国族国家的认同与领土的权力，在这个架构之下再建构风格（style）作为断代的范畴，用这个角度理解建筑与城市的形式，经常会陷入美学的形式主义窠臼与前述二元对立的理论陷阱。更关键的是，在前文"方法论重建一"中提及的"论述的权力关系"中，建筑论述的规则制定，对于西方是一个潜藏的价值，而中国建筑与建筑史仅仅是其分支。

如今面对全球信息化，地球饱受破坏，青山不常在，难见夕阳红，因此确实需要由一个全球的角度来拥抱空间，也要求以一种全球疑旨（global problematic）或是发问方式，来看待过去的时间、亚洲的时间，这不正是全球角度下的亚洲建筑与城市的历史吗？

其次，通史以编年体掌握历史中的形式与转变，相比于西欧的风格断代，亚洲尤其是中国的建筑与城市的历史形式被认为是连续性的改变，却经常潜藏着建筑史家移植的建筑史论述中未加批判即已采用的19世纪生物学类比，这样的简单线性叙事结构带来的问题确实值得反思。所谓青山依旧在，几度夕阳红，譬如说，亚洲柬埔寨吴哥窟毗湿奴神殿（元代古籍《岛夷

志略》中称之为"桑香佛舍")的历史空间与植物的生命缠绕,正是时间轮回再现的空间。即便不见得是轮回的空间与时间性,然而历史的叙事为何不能是亚洲三个主要文明所构成的星云或共时性星座,以及其空间与时间的转变呢?对汉字文化圈而言,规划设计即是妙计,妙计展现的是明天,这是明天决定今天。历史是社会与政治过程,人的时间空间转变,反转回旋跌宕,总是充满惊奇,哪里是简单线性的现代理性?至于空间与时间的营造,上应星宿节气下合地理山河的历史实例,譬如,清代台湾城市的雏形即来自两岸对渡的港市,主要是区域空间的现实功能表现,与其相对照的则是清代台北府城的象征性存在,它被认为是最后一座中国风水城市,坐北朝南,依天上星宿规划,轴线呼应北斗星,北极星则是不变的天地中心,城市坐靠北部山峦,东西城墙则交会于七星山。

再来,更关键且更复杂的研究发问是,亚洲19世纪前后的巨变,确实关系着现代性(modernity)的历史建构,甚至是殖民现代性(colonial modernity)建构,经常用"传统"这个措辞,区分现代化、工业化以及资本主义化之前的历史断裂,为何这种移植(transplantation)与断裂(break)是特别值得研究者关注的课题呢?或许,对移植教训的反思潜藏的是当代专业养成与学院问题形成的知识根源。经由批判的现代性、反身的现代性,以至于重构亚洲的现代性,或许亚洲的建筑与城市研究可以展开不同的画面。总之,针对亚洲的经验研究与历史研究,假以时日,终能上升到理论层次,将亚洲的特殊性以及亚洲空间的表征再现出来。

七、以个案作为结论:
电影《刺客聂隐娘》引发都市史写作讨论

有意义的艺术不在于看得懂与否,更不在于市场化与否,而在于能否引发讨论,从而反省自身。侯孝贤的电影《刺客聂隐娘》正可以引发思考,佐以历史地理学对唐帝国与地方藩镇的研究[22],或许,中晚唐城市的历史写作可以脱开美学形式主义的局限,展开不同的视角。这也就是说,安史之乱后,唐帝国的区域空间战略(regional spatial strategies)是长安中心与区域藩镇之间、政治权力与区域空间再结构,塑造地方的都市空间与建筑经验。唐帝国的区域空间战略不但关系着河南的地方对峙、关中的异族威胁与空间塑造、河北作为化外之地的胡化汉人与汉化胡人间的紧张与空间关系、江淮作为新旧交替的政治舞台与地方叛乱,也直接关系着城墙、城门、宫廷的空间营造，以至于在重重帷幕之间室内光影与空间里伏身梁上的刺客孤独的身影，还关乎当时东北亚地方间的行旅流动，与新罗法隆寺营造匠人东渡日本之后再渡海中土的磨镜少年之间跨越门第及社会阶级的互动。新罗磨镜少年背负汉铜镜抵挡妖魔现形从而护祐自身，然而，河北化外藩镇的地方空间之中，青鸾舞镜，聂隐娘由铜镜影像看到的是一个人，没有异类的刺客孤独自身。"罽宾国国王得一青鸾，三年不鸣，有人谓，鸾见同类则鸣，何不悬镜照之，青鸾见影悲鸣，对镜终宵舞镜而死。"作为刺客的聂隐娘终究选择不杀，"寻山水，访至人"，于是影片由特定时空的影像情境上升到永恒想象的美学感受。深层的反省能力不会自动产生，尤其反省自身的优越意识，更是极困难的过程。反省，是一个文化由野蛮变成文明的过程中的重要能力，族群中心主义与父权主义经常是实现体制开放、文明可持续并避免衰亡的自身障碍，因此，反身性的镜像关系至为重要。[23]

注释

1 本文首次发表于2016年1月19日的亚洲建筑研究中心成立暨国际学术研讨会（东南大学建筑学院主办，南京东南大学大礼堂东二楼会议厅），修改后收录于本书。

2 这是西安建筑科技大学刘克成教授的建议。

3 这是深圳市建筑设计研究总院孟建民院士的建议。

4 以"草皮"（turf）一词象征学院与制度的权力领地，援引自马克思主义历史地理学者大卫·哈维（David Harvey）及建筑与城市史学者史毕罗·考斯多夫（Spiro Kostof），见：HARVEY D, 1973/1988. Social Justice and the City. Oxford: Blackwell : 24；KOSTOF S, 1986. Cities and Turfs. Design Book Review, No.10 : 35-39.

5 关于领导权计划，可以参考：夏铸九，2015. 三城记. 香港：香港理工大学：第五章。

6 这是认识第三世界国家都市化过程的分析性谬误，见：夏铸九，2015. 窥见魔鬼的容颜. 台北：唐山出版社：594.

7 文字参考：夏铸九，2015. 推荐序// 杨志弘. 移动的城市. 台北：时报出版社.

8 PEVSNER N, FLEMING J, HONOUR H, 1990. The Penguin Dictionary of Architecture and Landscape Architecture. 5th edition. London: Penguin : 21-22.

9 这里指的是英国作家约翰·拉斯金（John Ruskin）。拉斯金并不是建筑师，却对建筑论述产生了巨大影响。作者已经在前文指出拉斯金定义建筑为一种艺术。在1849年出版的《建筑的七盏明灯》（The Seven Lamps of Architecture）中，拉斯金于第一章就开宗明义地指陈：建筑与营造（建筑物）的区分，建筑和蜂巢、鼠窟或者火车站的巨大区别，就在于建筑比它们多了一些"精神"，也就是柏拉图在《法律篇》中用这个词所说的意思。拉斯金强调，出于用词严谨，"造船学"（naval architecture）这种措辞就不是美术的一部分了。见：RUSKIN J, 1849/1981. The Seven Lamps of Architecture. New York: Farrar, Straus and Giroux : 15-16. 或：约翰·罗斯金，2006. 建筑的七盏明灯. 张璘，译. 济南：山东画报出版社：1-2.

10 出生于维隆纳（Verona）的维特鲁威在朱利安·凯撒时代加入罗马陆军，在屋大维麾下效命。后来屋大维成为罗马执政官，又废除了共和制，自封皇帝，亦即奥古斯都大帝，罗马帝国开始，维特鲁威就在屋大维直属军事工程单位中工作，直到公元前33年他51岁时退休。退休之后，他以拉丁文撰写了《建筑十书》，公元前20年完稿，呈献给奥古斯都大帝。见：吴良镛，1998. 历史中的维特鲁维建筑十书 // 维特鲁维. 建筑十书. 高履泰，译. 台北：建筑与文化：3-4.

11 见《建筑十书》中第一书第三章。《建筑十书》不同版本间不同译法出入甚多，此处作者对照比较了不同版本，原文取自 Leob Classical Library 的 Frank Granger 译本（Harvard Univeisity Press, 1931: 34）；中译参考高履泰翻译版本（台北：建筑与文化，1998：10）。

12 参见注释4：KOSTOF S, 1986.

13 见：KING A, 1983. The World Economy is Everywhere: Urban History and the World System // D. Reeder ed. Urban History Yearbook. Leicester : Leicester University Press : 271-283.

14 可参考：夏铸九. (认识当前都市中国)经济再结构与变迁的空间结构——都会区域形构、都会治理以及京津冀一体化下的城市重建. 慈湖书院慈湖讲堂，宁波慈城，2015-07-01；夏铸九. 网络中国的经济再结构与区域空间结构变迁——都会区域形构、新都市问题以及都会治理. 中国美术学院跨媒体学院网络研究所四讲的第三讲，杭州，2015-11-17.

15 见：www.bofill.com

16 HARVEY David, 1973. Social Justice and the City. London: Edward Arnold : 13.

17 见：TAFURI M, 1980. Theories and History of Architecture. Giorgio Verrecchia, trans. London: Harper & Row；WATKIN D, 1980. The Rise of Architectural History. London: Eastview Editions.

18 也可以参考：CRYSLER G, 2003. Writing Spaces: Discourses of Architecture, Urbanism, and the Built Environment, 1960-2000. New York : Routledge；FORTY A, 2000. Words and Buildings: A Vocabulary of Modern Architecture. London: Thames & Hudson.

19 TAFURI M, 1986. There is No Criticism, Only History. Design Book Review. no.9: 8-11.

20 见：LLORENS T, 1981. Manfredo Tafuri: Neo-Avant-Garde and History. Architectural Design Profile. 83-95. 文中对青年时期塔夫里、卡萨贝拉团体、意大利设计方法团体的方法论作了批评。

21 见：KOSTOF S, 1991. The City Shaped: Urban Patterns and Meaning through History. London: Thames & Hudson；KOSTOF S, 1992. The City Assembled. London: Thames & Hudson. 城市设计的模型与原型，是价值、目的与空间形式之间的连接，是活动与空间之互动，是解决问题的具体方案，也是人的意志展现；见：LYNCH K, 1981. Good City Form. Cambridge, Mass.: The MIT Press. 关于建筑设计的模式（patterns），见：ALEXANDER C, ISHIKAWA S et al, 1977. A Pattern Language. New York: Oxford University Press.

22 参考：李碧妍，2015. 危机与重构：唐帝国及其地方诸侯. 北京：北京师范大学出版社.

23 关于反身性的镜像关系可参考：夏铸九，2015. 三城记. 香港：香港理工大学.

第二章

历史保存

重思殖民
现代性保存

台北监狱的保存[1]

　　下述的台北监狱（台北刑务所）保存经验虽然还没有完全告一段落，却值得与新加坡的经验相互交流。第二次世界大战期间，不少澳洲籍战俘被日本军队囚禁于新加坡樟宜监狱，在监狱内搭建了樟宜教堂（Changi Chapel, 1944）。1988年，澳洲政府把樟宜教堂移回至澳洲堪培拉东村（Duntroon），异地重建，纪念战争的伤痛与战俘的历史，保存教堂内留下的壁画。更有意思的是，在澳洲政府移走了教堂之后，2000年新加坡政府也在原来的监狱旁边"仿制"了一间教堂，同时设置博物馆，纪念战争与战俘的历史。[2]

2013年初,针对台北监狱(日本殖民时期的台北刑务所)的保存,在台北发生了争取遗产保存(heritage conservation)运动。

台北监狱(台北刑务所)是什么地方?
它的历史意义何在?

台北监狱(台北刑务所)的历史是台北殖民城市史的组成部分,也是一段破坏台北城市和镇压反殖民力量的殖民城市(colonial city)的历史。殖民初期,殖民者以原台北清代衙门作为台北监狱,后因总督府主导的治安与镇压行动规模日增,被殖民者人犯快速增加,遂决定兴造新的台北监狱,1904年完成。兴建监狱的同一时间,也正是日本殖民者以市区改造贯通道路为名,拆除台北府城城墙的时候。从1899年起至1904年年底,除了城门之外,清代台北城城墙已经被拆除殆尽,而台北监狱的石材即为台北府城城墙安山岩与唭哩岸岩石材之转用。新建的台北监狱是台湾第一座西式现代监狱,也是殖民时期才营造的以刑罚为目的的监狱驯训系统(prison discipline)。1924年,台湾总督府将其更名为刑务所,取代监禁惩罚之意。台北监狱由日本设计监狱的山下启次郎技师和福田东吾技师设计,山下也曾经参与东京巢鸭监狱的设计。而东京巢鸭及其他监狱俱为砖造,台北监狱则为石造,在田野中拔地而起,建筑规模尤为巨大,再现了殖民国家权威的不可侵犯,是台湾十三所监狱中兴建最早且规模最大的殖民现代监狱(colonial modern prison)。台北监狱采用18世纪末"宾州系统"(Pennsylvania System)设计,以小间独立监禁,监狱格局方正,采用放射状布局,以中央瞭望塔管理,设拘置室事务所、惩役监、女惩役监、炊事、医疗室、工厂、隔离病舍与刑场,监狱周边围墙高3米。这就是1945年之前的台北监狱。

到了1949年,当局接收台北监狱用地,改为台北看守所和台北监狱。周边附属日式木造平房,被改为法务部职员宿舍,由于早期院检未分隶,所以法院和看守所、监狱相关人员都配住于此。受当时的政治与经济条件限制,这个"华光社区"里的居民组成不仅为公务员,也包括日本殖民时期原有居民与早期来台的国府军人。后来,台北城市的发展迫使这个位于台北市中心的台北监狱搬迁。1961年周边的农场土地标售,1970年台北监狱土地标售给"中华电信",所得转作搬迁经费,拆除监所主体建筑物,该地块今为"中华电信"与"中华邮政"所在。

1972年台北监狱、台北看守所搬迁，部分人员搬迁到桃园、台北县土城，放弃了宿舍，有些则在退休后继续居住在此地，还有些则将临时加建的房屋转租转卖。因此，腾空了的华光社区的房舍，接收了快速都市化过程中进入台北市的城乡移民，逐渐成为类似都市非正式部门中的社区与住宅。这里的实质物理空间质量不佳，各地方言交杂，然而却是提供不少有特色的地方民间美食之地，包括早市的水果批发、早餐的烧饼油条豆浆、杭州汤包、牛肉面、福州面、蚵仔面线等等，这是城市居民记忆里的味道，都市生活十分丰盛。[3]

　　从上述这段历史地景转变的描述，我们可以看出当年监狱范围包括"中华电信""中华邮政"与司法新村一带，实际管辖范围还包括周边职务宿舍、农场、水塘等，可从丽水街延伸到杭州南路。台北监狱基地内的建筑物多被拆除并陆续改建，刑务所遗址只剩边缘少数职务官舍尚存。至于北面与南面两段降低高度后的部分剩余高墙，只有1998年北面围墙被台北市政府指定为古迹。[4]

　　台北监狱（台北刑务所）的重要意义在于，由于殖民政治之压迫，诸多反殖民运动的重要人物都曾被囚禁于台北监狱，如蒋渭水、简吉、赖和等。台北刑务所北墙运尸门内侧三角形行刑空间设有绞刑场，乃殖民总督府对死刑犯执行绞刑之所在，如罗福星即于此处被日本殖民者绞杀。"二战"期间日军对战俘的不人道处理，也让来自美国、韩国、琉球等地的战俘命丧此地。战后，国民政府接收监狱，在监狱迁址之前，"二·二八事件"与20世纪50年代的白色恐怖监禁处理也都曾在此留下伤痛。譬如说，1948年"四六事件"中，被国府警备总部捉拿的怀抱着朴素社会主义思想的台湾师范学院与台湾大学的部分学生也曾被囚禁于此，包括台湾新文学运动健将张我军的儿子，当时还是高中学生，后来成为考古名家的张光直。[5]后来的华光社区已经不再沿用"监狱口"这个地名，但此地长达一个世纪的台湾殖民压迫历史，既是台北监狱史，又是台北城市史，冤魂至今不散。总之，台北监狱与华光社区的地景转变，表现出台北市作为殖民城市的历史和战后都市化的过程。监狱地景的形成和转变，包含了殖民者引进现代监狱制度、改变城市的企图，也铭刻着底层人民抵抗殖民统治的斗争，还承载着在战后政治变动与经济发展推动的都市化过程中市民求生存的过程，确实是值得反省的历史地景。[6]

保存运动与文化遗产保存

由于 2008 年之后，在全球金融危机冲击之下台湾的经济表现一直不见起色，"行政院经济建设委员会"就针对这个位于台北市中心的基地提出模仿日本东京六本木的发展想象，营造高强度的市中心商业发展，这在媒体上引起不少争议。而负责这个基地主要部分（华光社区）管理工作的法务部态度十分消极，先以法律与制度为强制手段，处理了基地上既有的法务部自己单位的员工；然后以有争议的手段，粗暴地拆除了长年聚居的所谓违建，对基地上的树木与建筑物破坏甚大。这些举动引起了针对拆迁的社会抗议运动，以及针对殖民时期的台北刑务所与周边华光社区的遗产保存运动。经过保存运动团体锲而不舍的陈情、抗议、出席发言、报章投书、媒体报道等活动，从 2013 年 6 月开始，至少是基地上的一部分文化造物，包括建筑物、围墙、围墙遗址、老树等，通过了台北市文化局文化资产审议委员会的审议。[7] 当然，保存团体的积极分子们还是不满意，他们期待的是能全区指定为文化景观遗存，但是由于法务部保存意识落后与不足，基地现况被破坏太严重，限制了进一步指定、修复、再利用遗产的机会。譬如说，基地上既有的居民大多已经被法务部用直接或间接的手段清除，这就失去了追求整合性保存——也就是人与物并举、物质文化资产与非物质文化资产并举的活的保存——的条件，只能在保存与再利用并举的层次上提出要求了。

台北市文化局文化资产委员会最后的决议大意简述如下：

在监狱主体建筑已不复存在的情形下，以保存台北刑务所/台北监狱的文化历史、场域精神等价值为主要目标。保存方式有三：①实体保存；②文化史料保存、测绘保存以及文物展示；③未来通过都市规划、都市设计，诠释本区曾为台北刑务所/台北监狱之历史纹理与场域精神。

在实体保存方面：①修正市定古迹——台北监狱围墙遗迹范围，将东西南北侧围墙与遗迹全部列入。此外，附带决议十分关键：现存北侧、南侧围墙依现况实体保存；原东侧、西侧围墙以及北侧围墙运尸门内三角形刑场，现况虽已不存在，然空间纹理尚属明确，未来开发单位应先进行试掘，以确认是否留存围墙遗迹，并依文资相关程序办理，后续并通过设计手法进行保存；②将原台北刑务所官舍列为本市历史建筑，包括大安区金华街北侧单号 135 号至 171 号、177 号，以及爱国东路 3 号（即原副刑务掌官舍）等 19 栋建筑物。

文化史料保存、测绘保存以及文物展示方面：①列出一系列已遭严重破坏、虽未列入实体保存、然仍须完成测绘之建筑物，包括：杭州南路十六户"口"字形配置建筑物、杭州南路二段五十七巷2至8号四户建筑物、金山南路二段四十四巷5号建筑物；②要求法务部进行相关历史研究、文献图说资料收集与口述历史记录，完备台北监狱之文献史料；③未来再利用时，应于现地择适当空间设置狱政展示馆（其实即原副刑务掌官舍），以保存并展示狱政文献历史及相关文物。

　　都市规划方面：①要求市府都市发展局办理本区都市计划细部计划时，应考量原台北刑务所之重要场域（例如监狱围墙、演武场、刑场等），研拟设计准则或通过都市设计手法，保存本区历史脉络纹理以及再现历史场域精神；②本区树木保护，依树木保护自治条例相关规定办理。

由国家与社会间的关系来看待遗产保存

　　台北监狱（台北刑务所）遗产保存运动的个案值得由国家与社会间的关系，经由一些理论的角度，来看待遗产保存的争议、指定、日后的修复及再利用所涉及的种种课题。

对真实空间改变与对市场中的空间交换价值的冲击

　　台北市文化局对台北监狱（台北刑务所）遗产保存的决议文字，对基地建筑物、地景的种种规定，直接冲击了"行政院经建会"对这个市中心基地模仿日本东京六本木的发展的想象。未来高强度的市中心商业发展受到诸多束缚，房地产市场中的空间交换价值的实现受到了诸多限制。而其焦点是，这个昔日殖民者所制造的北侧围墙内的三角形行刑空间的诡谲氛围，杀气犹存，冤魂犹在，不知进行未来空间再利用的土地资本，要如何超渡亡灵？如何说服未来的华人客户，不必在乎这个不祥的死亡之地？这个正要开始推动的计划已经成为一个高难度的专业与商业项目。

集体记忆（collective memory）的建构与历史场域（historic sites and settings）的重建

　　对台北监狱（台北刑务所）遗产保存的决议虽然还不能完全符合保存运动者的期望，充分达到他们的诉求,但是,对于一个经济快速发展下文化资产长期受忽视、空间与社会经历剧变与破坏的特殊的都市与制度的情境,如台北市,在我国台湾文化资产保存所经历的二十年经验中,面对已经拆除或残破以及时机已晚的都市现实,台北监狱(台北刑务所)遗产保存的决议是保存实践在制度上的突破。并没有像一般保守官僚作业的习气,推诿给法令制度不全,要求修法后才能真正行事的惯行。在这个决议之中,保存,已经不只是传统狭隘的美学角度的指定,而且涉及殖民城市历史,涉及殖民地的集体记忆建构,涉及历史场域的重建。保存,不再受限于西方现代性保存在乎的实质物理空间的原真性(authenticity)质量的唯一标准,[8]面对主要建筑已经被拆除、周边附属建筑物已经残破不堪的现实限制,全面要求修复围墙,重现三角形行刑空间,再现历史的场域与氛围。作为未来的都市开放空间,将残存的围墙实体与运尸门,加上三角形空间的围墙遗址挖掘后与某种低调方式的地面再现,以及,超渡亡灵之后,让看不见的过去重新能为后代看见、思念以及感怀。这种集体记忆建构与历史场域的重建,重新联结起物理真实空间与想象的虚拟空间的关系,寄希望于未来基地上的象征空间表现。而这正是对空间的文化形式(the cultural form of space)的可能性与未来设计任务所急需的象征表现(symbolic expression)的挑战。

遗产的再利用与象征空间的意义竞争

遗产再利用之时,对空间的文化形式与设计表现的高标准要求,其实碰触到象征空间的意义竞争之要害,这是主体性建构所要求的自觉能力的起点。譬如说,未来遗产再利用时,三角形行刑空间所再现的历史场域与空间氛围,不正是殖民者所引进的西方先进的宾州系统化了的现代监狱制度、殖民者改造城市的策略、镇压被殖民城市的暴力,与被殖民的底层人民抵抗殖民的呐喊、血泪、伤痛,这两者之间的对决与意义竞争吗?而台北监狱(台北刑务所)这个第一个也是最大的一个殖民现代监狱的保存计划,不正是遗产保存所期待的看到自身、历史反身性建构的关键机会,超越被殖民者一直没有能力建构主体性的殖民现代性(colonial modernity)的要害吗?[9]这是本文的主旨。

结论

台北监狱（日本殖民时期的台北刑务所）的遗产保存不只是殖民城市历史的见证，也是殖民现代性的再现。殖民现代性是没有主体的现代性建构，被殖民者学会了用殖民者的眼光与价值来看待世界，看待周边，看待自身，还沾沾自喜，以为先进，这是殖民地最深层的悲哀。

然而，经由这个殖民现代监狱的保存计划，昔日的被殖民者与他们的后代终于有机会、有能力看到自身。由于台北监狱（台北刑务所）的指定与保存是对历史空间的制度干预，这些地方未来将成为都市公共空间（urban public space）。

现在，我们就可以见到不知名市民在金山南路二段四十四巷北墙之外摆放数百枝菊花，表达对反抗殖民城市与殖民监狱的逝去者之敬意。可以预期，日后经由热情的诠释（hot inter-pretation），这里也可以成为城市悲剧与喜剧的舞台，以及市民的剧场（civic theater），提高市民的可及性，增加对城市的认同，而不再是过去殖民城市的排斥性空间了。这是黑暗的与负面的遗产（dark heritage and negative heritage）产生正面文化意义的社会实践。

最后，谁来活化与经营台北监狱（台北刑务所）、未来的保存计划所修复的殖民官舍以及狱政展示馆（即原副刑务掌官舍）呢？作为历史建筑的殖民官舍，台北市文化局打算在修复之后转为文化产业生产者的基地，这是台北市文化局的重要政策，或可乐观期待。至于狱政展示馆，是要由"法务部"负责，不容乐观。"法务部"面对华光社区的态度一直被动而消极，这么不知与不能面对自身历史的单位，很难期望他们正视历史并因而具备深刻反省的能力。

那么，前者要如何避免城市中心的晋绅化（gentrification，也译作"贵族化"或"高级化"）过程，避免将文创产业的生产基地沦为精品化高级消费的排斥性地点呢？这是全球化城市中不容易达成的任务，是需要在执行过程中预先提醒的。

至于后者，关键是如何在执行时避免开馆之后逐渐失去活力，变成门前冷落无人问津的"蚊子馆"，这确实是中国台湾公共部门经营经常产生的尴尬局面。

或许，在完成指定、推动修复之时，就要能同时推动非营利组织负责经营的可能性，排除再利用的经营的制度性障碍与政治压力，让保存与再利用的制度并存，让非营利组织取得适当的盈利机会，是可以尝试的工作。上述这些问题是未来遗产再利用过程中必须及早提醒执行者要注意的要害。

总而言之，遗产的保存与再利用不只是一个静态而保守的仅仅针对物的拜物教仪式，而是有助于市民社会建构的积极元素。

注释

1   本文原为 2013 年 10 月 26 日在新加坡新跃当代中国讲座"都市文化遗产保护——去留与得失"（新跃中华学术中心主办）的讲稿，亦曾发表于中国台湾《建筑文化研究》，2017 年 4 月 22 日，经修改后收录于本书。本文共同作者：余映娴。

2   见维基百科"Changi Prison"词条。

3   举例言，金华街 111-6 号的碳烤烧饼，每天不到七点就吃不到了。参考：《跟着舒国治寻小吃之三：古亭站》。

4   金山南路段，台北市金华段三小段 150、151 地号，1998 年 3 月 25 日台北市政府公告指定。

5   见：张光直，1998. 番薯人的故事：张光直早年生活的回忆及"四六事件"入狱记. 台北：联经. 在张光直的记忆中，当时被捕的有台大 11 人，师大 3 人，建国中学 1 人，成功中学 1 人，《新生报》与《中华日报》各 1 人，职业不明者 1 人。他还记得这 19 人同时在警备司令部情报处（西本愿寺地窖）初步受讯，同时被关进台北监狱好几个月，然后被分开。书中第

11 章讲的就是众人在台北监狱里面的团体生活，学会了麦浪歌咏队的不少歌谣，第 12 章则是被送回到警备司令部情报处西本愿寺地窖的生活。

6   以上文字主要参考：群落护育联盟，2013. 台北监狱古迹保存说帖；黄舒楣，2013. 旧台北刑务所／监狱宿舍群落文化景观暨两面围墙带状空间文资保存指定. 03-12.

7   经过历次台北市文化局文化资产委员会的文字修正，最后在 2013 年 11 月 11 日第五十三次文化资产委员会宣读通过结论。

8   这一点在文化资产委员会中并不是没有不同意见的，见：汉宝德，2013. 被利用的文化资产保存. 中国时报·人间百年笔阵. 05-23.

9   参考：夏铸九，2000. 殖民的现代性营造——重写日本殖民时期台湾建筑与城市的历史. 台湾社会研究，第 40 期：47-82.

古迹保存与
都市保存
几点理论假说的提纲[1]

一

　　古迹保存、都市保存与活化不宜是古董式保护，见物而不见人，而应该是整合性保存（integrated conservation）、活化保存、活态保护，这是人的集体记忆（collective memory）的建构。

二

　　不能是风格取向，不宜追求纯粹、简单、一致的美学标准。遗产的保存与再利用，不只是一个静态而保守的"物"的拜物教仪式。宜感受与认识到建筑类型、营造模式之空间与社会相互结合的元素，必须懂得把握它们，才能掌握都市纹理与质地的重要性，这些是市井空间的公共地图，它们是有助于市民社会建构的积极元素，以混质、混血、混搭保护、大地建造的美学原则，替代纯粹、简单、一致的风格形式。

　　特别提醒有建筑学背景的人，不宜言必称"风格"（或是"式样"）。风格是18世纪西方艺术史建构的一个形式主义的措辞，也是过了时的西方资产阶级美学品味的成见的建构。青睐风格取向的专业者，经常不自觉地追求纯粹的、简单的、一致的美学标准；他们常把城镇、都市、区域地景中没有表达出来的，或者我们尚未明白的一些事与物，以一种纯粹的、简单的、一致的美学标准，推行那种静态而保守的以物为着重点的、古董化的、神圣化的拜物教式的文化资产保存。

　　面对现实世界，针对不可完全化约掉的形式特殊性，避免"风格"这种形式主义措辞，专业训练要学习有能力感受与认识北京的胡同、上海的弄堂、武汉的里分、泉州古城里像迷宫一般的街巷与公私水井布局营造出来的市井，小街小巷是居民组织社会生活空间重要的聚落布局，它们是设计模型（design models）或城镇模式（town patterns）；以及，建筑类型（building types）或设计原型（design prototypes），如最普遍的合院单元，包括三合院与四合院，明代南京的河房、廊房、店屋，闽南的店屋或店厝（包括泉州所称的手巾寮、漳州所称的竹竿厝等狭长型店屋），上海的亭子间，日本的町屋等；还有，更进一步的营造模式（building patterns），如闽南的亭子脚与日后的骑楼、潮州的五脚砌、四川盆地城镇或茶马古道市街上的凉厅子或凉亭子、浙江的檐送或檐廊、台湾阿美人的巴道西（badaosi）、日本奈良与京都町屋的床几（外缘侧）与民宅的缘侧（engawa），甚至是槟城、吉隆坡、新加坡的五脚砌、店屋及骑楼，[2]地中海区域意大利博洛尼亚的廊道（arcade），等等。

　　其中，亭子脚与凉厅子等是华南到华西城镇商业街道的元素，骑楼则可能是晚些时候东西方贸易与文化交流结合后的营造产物，这些是"空间与社会相互结合"的营造元素或营造措辞（building rhetoric），也是过去地方工匠师傅们熟悉的做法，然而现代专业者们却对它们从不注意。我们必须认识与学习运用它们，才能掌握生活空间里都市纹理与质地的重要性。我们可以看到，由《仿宋院本金陵图》街中货郎向儿童兜售玩具，秦淮商肆河房林立，到明代《上元灯彩图》局部的廊房，再到清代《康熙南巡图》中店屋几乎已经成形。[3]我们可以由泉州古城、潮州五脚砌、台北万华艋舺剥皮寮店屋、四川乐山犍为罗城凉厅子、浙江宁波奉化塔竹林村楼屋的廊檐一间一弄、台湾新北市新店溪洲部落阿美人的巴道西，一直到在家门前，也即是在社区吃吃喝喝的意大利博洛尼亚的廊道以及日本民宅的缘侧。

三

不能是先保存，然后再利用；保存与再利用的思考不能分离，平行思考，才不会造就"蚊子馆"。于是，在再利用的层次上，保存的是市民的公共空间、公共清议，昔日郑国子产不毁乡校，这是我们的市民论坛的传统。再利用的过程中，经由热情的诠释，老舍的《茶馆》就是市民的剧场，是城市悲剧与喜剧的舞台，以及城市市民的剧场（civic theater）。[4]谁来活化与经营？非营利组织负责经营的可能性何在？这是重要的中国台湾经验。当建筑尺度更大时，如大地之营造，就是古人说的"千尺为势"。比如泉州清源山老君像，它与周围地形地势变化相结合，对它的保护就得着眼于大地营造的美学原则，而不是风格取向。

四

顺着同样的逻辑，陕西石峁遗址城址的保存与再利用就显得过于保守了。正在兴建中的用建筑物棚架撑起的展厅，达到了遗址保护的目的，却忽视了对昔日先人在苍穹之下、大地之上的存在状态的直接展示，这是黄土区域地景上天、地、神、人四位浑然一体所获致的整体地方感（sense of place），被空间养育与庇护的象征性的地方感，这是种历史场域感（sense of historic sites and settings）。2011—2012年，陕西考古工作者在神木高家堡镇发现了由"皇城台"、内城、外郭三部分构成的石砌城垣，城内密集分布着大量宫殿建筑、房址、墓葬、手工业作坊等遗迹。石峁城址初建于距今4300年前后，沿用至距今3800年前后，即龙山时代中晚期至夏代早期之间，其规模庞大，系中国公元前2000年前后最大的城址。[5]它处于中国早期文明形成关键阶段，对进一步理解东亚及东北亚早期国家的起源与发展过程具有重要意义。石卯城址已经跨入了早期城市形成时期邦国都邑的行列之中，对于重新描绘公元前2300年之前华夏沃土上"邦国林立"的社会图景有重要的启示意义。皇城台，内城外郭，藏玉于石，玉门瑶台，高级建筑大型宫殿就已经开始用九级台阶与中轴线空间，伴以夏至日出时间，共同彰显的是黄帝都邑吗？[6]这个最初城市的崛起与东亚早期国家的形成，已经显示出这里是礼仪的中心：先人透过营造来关照和安顿人居的状态，借由物的集结，意义的集中表现，以仪典场合来彰显人自身的存在，表现都城起源的神圣性。人通过营造集结了物，形成被人关照的空间，物的集结也建立了人与空间的关系，人也被空间养育与庇护，保存是再现与表征的空间（representational space），我们如何才能再现并让今天的使用者与市民们也能感受到这种象征性的、整体的地方感与历史场域感呢？石卯皇城台是黄土高原地景上的石砌城垣，不是出土的兵马俑，它有条件以木栈道来规范参访者的动线与活动，营造"前不见古人，后不见来者，念天地之悠悠"的历史场域感，这是对保存专业设计能力的挑战。

五

朝向都市空间使用价值的实现。都市市民在保存规划的过程中，必须避免：房地产资本与政治权力的欲望对真实空间的改变，及其对市场中的空间交换价值的冲击，这表现为暴力强拆。在结局上，不宜发生晋绅化或贵族化、高级化。即使不能避免必要的小规模拆迁，或是需要通过引入文创产业来成就有活力的创新节点，沟通的过程仍然是必要的。

六

面对非正式聚落（informal settlements），也不能强拆，必须公正、公平，政策的形成不能一刀切，具体问题必须具体分析，才能应对现实的挑战。总之，市民有进入城市的权利，他们不是被社会排除的低阶劳动力。所以，不能是封闭的由上而下过程，都市保存与老城保护，要有社区参与的过程，即社区营造。老城的都市保存课题的社区参与过程，"发动群众"是必须牢记的重要政治传承。

七

同时，在做法上，不能将有形的物质遗产与无形的非物质遗产相割裂，彼此分离对待。

八

至于都市更新（urban renewal），总结我国台湾的惨痛教训，必须转向为社区主动要求的、社区取向的都市更新，才不会有执行的阻力。

上海的都市更新政策已经转向为有机更新，以及小规模、渐进式的日常微更新，告别了过去的大规模、断裂式更新。

至于中央的都市政策，也转向鼓励城市双修——功能修补与生态修复，韧性城市与可持续的生态城市、海绵城市。

九

遗产的历史诠释与集体记忆，关系着被殖民者文化的自主性，需要避免空心化，建构反身性。

中国台湾、香港、东北三省，邻近的韩国、越南，都曾经有过悲情的被殖民历史。殖民城市的经验是痛苦的——殖民者是规划者与建设者，被殖民者则是被动的居住者；城市里有些地方是殖民者的居住地，被殖民者的居住和行动则被限定在另一些地方。这是一段屈辱的历史，却被形式主义取向的健忘的后人忽略了。

尤其是对工业遗产的保存。工业遗产往往有殖民历史的印记，所以，2015年7月日本明治工业革命遗址23处设施被列入"世界遗产名录"，其中包括长崎在"二战"期间负责生产战争机器的三菱造船厂与俗称军舰岛的端岛煤矿。长崎申遗成功，却因对历史空间的诠释缺乏反省，完全忽略了战时武器生产、强征劳工，包括韩国、中国、美国劳工的历史，被批评为选择性的历史失忆症。遗产的实质物理层面的保存，必然要与历史诠释相联结，客体的营造必须与主体的记忆互动，这是工业遗产保存与活化的关键。

而工业遗产保存的亚洲特色，特别是亚洲的发展中国家，更进一步纠结着殖民现代性的历史脚注。殖民的现代性的理论概念指涉没有主体的现代性建构。这就是说，在殖民的历史过程中，被殖民者学会用殖民者的眼光对待自身、周边以及世界，这是后殖民社会主体难以建构的深层原因，是殖民地的悲哀，也是殖民地现代化过程中必须面对的特殊性。

在中国台湾，松山烟厂、华山酒厂、建国啤酒厂、台糖糖厂、台电发电站等的保存与活化过程中对过去了的工业空间的历史诠释，都是要害所在。比如说，若是诠释台糖彰化溪湖糖厂的历史，遗忘了劳动者的记忆，又如何能联系上台湾农业组合"二林事件"蔗农的呐喊？这不正是殖民社会不同阶级的空间价值观的争夺吗？更不用提如何理解轻便车道、小火车铁路的网络，连接上南北纵贯线，再经由基隆港运回日本的农业台湾的空间生产与社会关系的殖民依赖的运输网络与空间地图了。

殖民城市的空间是排斥性的空间。殖民者的敌人太多，因此殖民政府周边都是军事单位，用以保护殖民政府的存在。台湾有此惨痛的经历，日本殖民者来到台湾，把清朝衙门从中劈开，一半搬到植物园里去，一半放在后来的台湾总督府基地上。

日本殖民者建设的管控全台金融的台湾银行，以及台北公会堂，皆有意移植欧洲建筑形式，除了起震慑作用之外，与被殖民的次等市民之间没有真实的关系，也没有可及性，再现了殖民城市的空间是隔离的、排斥性的，强调加诸社会之上的统治功能。

韩国已经将军舰岛题材拍为电影，对于被殖民者作为"韩奸"高阶奴才的反思。相较之下，中国台湾电影与政治文化无能反思日本殖民者对物质与心灵的双重改造，表现出被殖民者思想的空心化与文化的空城化，[7]根本没有能力触及主体性建构的核心，反省性地看到自身的不堪。

所以，都市保存与老城保护，必须提高市民的可及性，并且增加市民对城市的认同，而不是历史中的殖民城市的排斥性空间及社会隔离的层级性政治空间。

十

在浮现中的市民社会力量下，只要市民有反思的期待，保存就有机会作为异质地方（heterotopias）的建构，提供对抗全球化时代社会排除阴影的可能性。

这是保存的真正技术升级，是技术与文化重修旧好的机会。

这也就是说，保存作为异质地方建构，扩大了论述空间，活化了都市保存与都市文化的关系，提供了重新界定城市公共空间（civic spaces）的机会。

它有助于边界开放的社区、多重的文化、异质的保护、复数的公共的浮现，所以，有助于都市认同与成熟市民的建构。

所以我们可以说，都市与古城保存作为异质地方建构所产生的反身性（reflexivity）效果，让市民有机会蓦然回首，在主体不在的地方，看见自身，看见自己的前世今生，看见自己的不堪，认识自身，从而得以建立主体。保存作为异质地方建构，它的反身性效果关系着市民主体性的建构。[8]

1969年意大利博洛尼亚都市保存计划提供了有效的规划与设计专业者的反省之镜。今天，当地方政府有反省之心的时候，老城的保存也是有可能成为异质地方营造的反省之镜的。对于申遗成功的鼓浪屿，活的社区如何持续，是遗产保存的要害。

结论

所以，保存不只是物的保存，而且是集体记忆的建构与历史场域感的重建。其实，遗产的再利用是象征空间的意义竞争，也是城市历史重写的过程。

保存，不仅仅是单纯地对过去的时间与空间的保存，更是对未来的改变，对遗产的未来、未来的时间与空间的经营。

我们要朝向有自己特色的古城保存，而不是没有反省性地移植西方的保存论述。

空间是媒介，社区营造结合古城保护的目的在于人的建构，老城里新的社区与新的市民的建构。

"传统，意味着传递火种，而非崇拜灰烬。"这是奥地利作曲家古斯塔夫·马勒（Gustav Mahler）的话，也是古城保存与活化的精神。

注释

1 修改前论文曾发表于"遗产与社区——历史街区保护与更新国际学术研讨会",厦门鼓浪屿万石山风景名胜区管委会、国立华侨大学、日本京都府立大学主办,厦门鼓浪屿,2017年11月18-20日;以及,辅仁大学景观设计学系,新庄,2018年5月1日;法鼓山文理学院,新北市金山,2018年5月2日。

2 TAN Yeow Wooi, 2015. Penang Shophouses: A Handbook of Features and Materials. George Town, Malaysia: Tan Yeow Wooi Culture and Heritage Research Studio.

3 陈猛, 2018. 南京近代商业建筑史研究. 东南大学博士论文.

4 保护与再利用并非实证主义现代考古学论述所自以为的简单的中性科学知识的展现,而是意义的再现,这里是不同意义生产的地方,其实是一种特殊的剧场。论点可以参考:TILLY C, 1989. Excavation as Theatre. Antiquity, no.63:275-280;TILLY C, 2007. Excavation as Theatre // FAIRCLOUGH G etal eds, 2007. The Heritage Reader. London: Routledge: 75-133.

5 引自:陕西省考古研究院,等, 2016. 发现石峁古城. 北京:文物出版社;陕西省考古研究院,等, 2017. 石峁遗址.

6 沈长云在2013年指出石峁古城是皇帝部族的居邑,虽然还有争议,但可以肯定这里是作为公元前2300年中国北方区域政治体的中心而存在的。相关讨论可以参考:陕西省考古研究院,等, 2016. 发现石峁古城. 北京:文物出版社.

7 见:廖咸浩, 2018. 从军舰岛看文化空城. 中国时报, 04-05. 未删详文则见其脸书账号.

8 保护作为异质地方的建构,可以参考夏铸九《异质地方之营造——理论与历史(I)》(台北:唐山出版社,2016)第二篇《历史保存》中几个章节的讨论.

第三章

建筑与城市史

关于大学校园

积累或是断裂？
台湾大学人文大楼的设计争议[1]

2013年10月厦门大学主办的第十三届海峡两岸大学校园学术研讨会的主题是"大学与积累"，本文遂以在兴建过程中引起极大争议的台湾大学（后文简称"台大"）人文大楼（位于校门口，主要供文学院系所使用）作为讨论个案，将此个案作为一种媒介，重思大学除了知识的积累之外，特别是在空间的积累上所面对的校园争议。

先来交代台大校门口的人文大楼兴建案的形成过程，并说明主要争议的议题。台湾大学文学院的使用空间长期面临严重不足且分布零碎的问题。文学院最初只有中文系、历史系、哲学系三系，后来陆续设立了外文系、考古人类学系（即现今的人类学系）、图书馆学系（即现今的图书信息学系）、日本语文学系、戏剧学系，成为八系十二研究所（除八系所之外的四个研究所为艺术史、语言学、音乐学、台湾文学四所），另外还包含视听教育馆、语文中心两个附属单位，教职员生增加甚多，空间不敷使用却新建有限。即使1995年校园规划小组曾有所建议，2004年校园规划委员会也再度建议，然均因经费欠缺而未得实施，校舍空间可谓长年受到忽视。文学院的使用空间除数量严重不足之外，在校园中的分布也十分零碎，影响师生互动与学院向心力，确实有集中系所教研活动、新建人文大楼的必要性。[2] 2006年6月，时任校长李嗣涔的昔日同班同学、华硕集团董事长施崇棠捐赠五亿四千万元台币，人文大楼的兴建才得以真正展开。台大校方同时也同意将人文大楼的设计与营造交由施崇棠先生资助成立的财团法人观树教育基金会执行。

　　这时有两件事与后续执行过程相关，必须一提。第一，校方过于乐观地评估未来工程之推动，将基地上两栋既有建筑快速拆除。只有位于基地北边北向的农业陈列馆除外。农业陈列馆最早在1962年兴建，由有巢建筑师事务所虞曰镇、张肇康设计，2007年台北市文化局获知人文大楼项目可能推动后，快速将此馆列为历史建筑——不但列入保护，还要求人文大楼的新建筑设计构想必须与它兼容，此决定也使基地可使用面积受到影响。基地东边建于1963年的原农经馆（后为哲学系，有巢建筑师事务所设计）、西边的人类学系系馆（1970年，有巢建筑师事务所设计）（均模仿了张肇康设计的农业陈列馆）都被校方以校舍老旧、危险、不好用为由，迅速拆除。哲学系所与人类学系所的师生暂时迁至原国防医学院迁走后的台大水源校区，但水源校区校舍老旧，亦有安全问题，加上系所远离校总区，后因人文大楼执行过程中争议不断，两系师生迁回时间延宕，这种校园疏离感给校方行政造成困扰，也引起校园内反对人文大楼兴建者极大的抱怨，这是始料未及的事。

　　第二，观树基金会在委托建筑设计之前，人文大楼的建筑计划书委托工作过于简略。原来有意邀请人与环境研究专长的台大建筑与城乡研究所的毕恒达副教授负责建筑计划书之制作（architectural programming），因建筑计划书之制作正是人与环境研究领域的专业所在，毕教授是校园同事，也比较容易知晓校园中文学院对空间的真实需要，这是很恰当的构想。然而，当时毕恒达副教授忙于升正教授，婉拒了人文大楼计划书的工作。观树基金会则因陋就简，简单地根据文学院相关系所提报的空间使用面积汇总罗列，忽略了建筑计划书制作过程中与使用者互动、沟通以及使用者参与的复杂要求，导致一些潜在的矛盾与冲突未能在计划书制作过程中被预先看到并解决，最后，相关系所师生关系、空间需求、体量、基地容纳的限制都在建筑设计方案提出之后——引爆，再纠结上文学院内部的系所关系，造成冲突、拖延时间，使得执行日程一再耽误。这份建筑计划书其实仅仅是各系所空间需求清单而已，后来观树基金会就以此份简单的计划书委托竹间联合建筑师事务所的简学义建筑师，来进行人文大楼的建筑设计工作。

可以想象，人文大楼的建筑设计案一经提出，立即引起了文学院内外极多的争议。

争议的焦点首先是校园规划与设计的决策过程。依校园规划小组的资料，由于人文大楼建筑设计面对众多挑战，以及需兼顾对于校园愿景与对都市发展的助益，2008年12月校务发展规划委员会（以下简称"校发会"）曾通过人文大楼规划设计案，除须经校园规划小组及校发会之审议外，还须举办公开说明会以及专家座谈会，以加强师生意见沟通，吸取专家学者的意见，以为审慎规划。按照校规小组之统计，人文大楼建筑规划设计案的沟通讨论与审议过程，到2010年11月中的时候，历时约两年四个月，历经基地确定、体量确定、体量设计、建筑设计、细部设计等阶段，共召开全校公开说明会六次、专家座谈讨论会两次、校园规划小组委员会提案讨论八次，以及校务发展规划委员会提案讨论五次。历数整个沟通讨论过程，人文大楼案被校园规划小组称为台大新建工程历时最久的案件并不为过。但也正是这整个审议过程，被政治系的副教授江瑞祥指为"校园规划与公共决策灾难"。[3] 江教授撰文直接指陈人文大楼案为"最能运用不健全制度，而借力使力中最具争议的案件"。即，上述过程"均符合行政程序之游戏规则，学者专家及与会师生之不同意见固可在各项会议中提出，但建筑团队仍旧独排众议、行政团队以程序加以背书的现象却也屡见不鲜。台大的校园规划在历经多年的演化与实践下，已逐渐由早期的'重成果轻程序'走向'成果与程序并重'；但过程中隐晦不明的共议程序，实则有主事者主观意识的操作，甚或行政体系依附捐赠者的压力、使用者不当服膺建筑专业的现象。因此，前述过程看似民主，实则容易排抑杂音；而当校园愿景尚在构建、达成愿景的机制未见完善的条件下，校园建筑搭配捐款者与建筑专业，更往往以所谓民主行政程序破坏校园形式。在现有的制度中，我们不难看到最大的问题即在于短期谋求校园建筑完成捐赠者使命及符合使用需求，导致审议结果常是原则性通过，以灰色地带规避争议，致使争议的浮现最后在建筑团队的所称专业坚持与校方行政团队的所称尊重专业中，船过水无痕，并据以称之无异议"。

其次，针对前述建筑团队总是独排众议，用封闭的专业美学判断的问题。针对人文大楼空间的文化形式的设计课题，基于对既有台大校园空间模式的了解，作者曾经具体建议九点供建筑师设计过程中参考，它们可以简单条列为：①由参与式过程取得以下的设计准则；②正面回应台大大门口入口过渡的人文意象；③合院的体量；④四楼高限与退缩回应椰林大道；⑤适合亚热带气候的南向走廊；⑥能聚集能量的中庭；⑦一楼公共空间中可见的活动；⑧正立面的入口向上的效果；⑨回廊动线串接活动。[4]然而建筑师似乎无动于衷，提出的修改方案中设计改变有限。

在2008年浙江大学的会议论文与2010年西安建科大的会议论文中，[5]笔者都已经提出过的观点是：人文大楼的建筑师声称其建筑设计受到勒·柯布西耶现代建筑的空间观点与四种住宅典型做法的影响（后来建筑师又曾改口称是受路易斯·康的萨尔克生物研究中心影响），而面对文学院庞大的教师研究室空间需求，建筑师选择在邻校外一侧，也就是新生南路这边，建十层高楼，引来众多质疑。文学院外文系张小虹教授直接表示，宁可不要研究室，也反对十层高楼造成的校外与校内压迫感。此外，更有不少教师强烈反对建筑师将十层大楼的底层挑空的高脚柱做法。建筑师被迫提出不同的方案。然而，由于基地过小、新建筑体量过大，加上基地位于大门口敏感地点，教师与学生提出的意见建筑师不容易解决，因此工程的进度一再拖延。

当然，作为进入校园的第一印象，建筑形式如何表现校园特色，确实给以勒·柯布西耶为典范的现代建筑师带来巨大的压力。台大老校园有着中世纪修道院的意象，是托马斯·杰弗逊的知识贵族学习场所的殖民移植。椰林大道两侧学院建筑物类型，采用欧洲中世纪的城市建筑正面山墙与拱窗的向上暗示，有很清楚的门廊与入口处理，是校园使用者熟悉的营造措辞，可是，对柯布西耶式的现代建筑师而言，这些是被现代美学论述所排除的古典形式。面对即使退缩之后体量仍然过高的先天限制，建筑师是现代建筑美学的坚持者，偏好抽象的现代形式语汇，表现材料本身的朴实质地感，拒绝以建筑形式的符号意义营造历史连续性或是校园熟悉感，对未来校园入口造成的使用者冲击，还是未知之数。

最引起争议的设计课题还是人文大楼所谓的人文特色的表现。这里是台大新的文学院活动的中心地区。在殖民时期的老校园，以及光复之后初期的台大校园，不论是文政学部还是文学院，不但与行政大楼遥遥相对，处于轴线中央，而且建筑质量、周边植栽，都是校园中最优良的，一直享有其象征的意义。今日要建新馆，又在大门口，因此，在几次公开的说明会中，与会者都期待建筑师能在设计中彰显人文色彩。这真是个艰难却重要的挑战。建筑师的设计课题中也强调未来的人文大楼要成为校园"人文精神"的承载，然而，这个课题却不止于是单方面的纯粹建筑几何形式与实质物理空间就能提供解答的。由于建筑师是现代建筑美学的信徒，主要楼层的空间都以柯布西耶式的巨型承重墙形成柱列高高挑起，除了对各系所教师研究室的空间分隔造成强大的外在限制之外，一楼挑空与地下室天井开挖，都执意表现出抽象、干净、材质细腻的流动空间效果，很容易沦为生硬、死寂的油象空间，而不容易让校园内未来可能发生的可见活动附着其上。这与校园人文特色的要求刚好站在对立面。看来，建筑师的设计需要更为圆融、灵巧，需要对校园特色敏感、能具包容性、有因地制宜的设计能力。不幸的是，这似乎正是现代建筑的致命伤。[6]

2012年之后，文学院与校园规划委员会人事更易，在他们的努力之下，建筑师的设计有了些许改变，至少是在空间使用与分配的层面上，新方案有了较多调整，应该不致于发生空间使用功能层次上的严重差错。但再度复制台南台湾历史博物馆用后评估暴露出来的设计失误，因前方走廊预留宽度仅一米半，使得博物馆布展用的大型工作电梯即使有五米宽的大开口也无法使用。至于人文大楼的建筑外观形式部分，似乎碰触到建筑设计的某些根本分歧，建筑师虽然提出了不同方案，但真正的调整却十分有限。

终于，在2013年6月10日，为了通过台北市政府的环境影响评估差异分析所举办的公听会，建筑师提出了第十个方案，针对这栋位于校门口、入校之后抬头所见的第一栋建筑物的建筑设计，与会者有的提出了高度上的质疑，如外文系张小虹教授的六点看法[7]，有的则提出建筑设计手法上校园空间的文化形式的问题。很明显，建筑师虽然在场却依然不为所动。

由于此时已经是台大人文大楼建筑设计的最后阶段了，形势紧急，似乎通过在即，台大新校长杨泮池8月1日上任，以下文字为笔者致校长与校规会信的部分内容[8]：

> 台大人文大楼兴建过程中针对建筑设计的争议甚多，使前李嗣涔校长与施崇棠董事长捐赠的美意受到困扰，为求建筑物落成后有些争议能够预先避免，针对设计最后阶段的一些建筑形式上的细节提出建议，希望校规会与建筑师能够参考。

> 正立面（façade）入口模式（entrance pattern）
> 这是未来进入台大大门的第一栋新建建筑物，为了保持与延续台大椰林大道的既有意象（这可以说是台大校园规划的重要目标之一），正立面尤其重要。

目前设计案的一楼入口处理，完全不同于椰林大道上隔邻的校史馆（旧总图），对面的一号馆、二号馆以及再往东过去的文学院等的入口空间的处理模式。这些建筑物的入口形式与规模各不相同，但是都在设计的入口模式上处理了入口效果，例如：遮檐、门廊（porch, verandah, loggia, 或 porte-cochère 即 coach gate, carriage porch, 这种西洋古典建筑的入口元素在日本殖民时期移植翻译为"车寄"）、中轴线开窗、入口动线造成的山墙向上效果，等等。现在的设计案运用现代建筑手法，入口仅仅是个中性的、抽象的几何开口，很难延续台大椰林大道的既有建筑物的入口意象。

第一点建议可以补充一点提醒：目前入口设计造成的附带困扰是，若加上人文大楼设计案地面层六米挑空，会使得目前设计案的入口空间更显出是一个挖空的挑高空体，以巨大的清水混凝土剪力墙支撑结构（建筑师称是模仿美国加州萨尔克生物研究院），而不是一个古典的入口模式之后的前厅（hall）或是厅廊（hallway）元素，来结合与发挥中庭的效果。这时令人担心的已经不是现代建筑设计元素会造成既有校园使用者的不熟悉感而已，而更可能是，高大挑空虚体在前期设计过程中因武断的美学决策所付出的代价：制造建筑物外观的体量，以及地面层挑空的虚体贯穿中庭前后，使得未来冬日的东北季风由北侧运动场穿过农业陈列馆东北角空地灌入，造成不舒服的微气候，使得中庭不容易使用。

正立面的开窗法（fenestration）

与前一条要求直接相关的是开窗法，尤其是正立面上的开窗法，直接关系着入口的向上效果，而且，开窗法是建筑物的面孔表情，关系着建筑正立面给校园使用者的感受。建筑师需要细究校史馆（旧总图），对面的一号馆、二号馆以及文学院等的开窗法，以及再进一步研究建材在细部处理上的关系，这样，人文大楼正立面发挥的作用才是校园建筑形式在文化上的"积累"。而现代建筑的开窗法一般并不讲究，窗户经常被用作抽象雕塑的虚体空间表现，用在椰林大道入口第一栋建筑以达到延续与积累的效果时，就不妥当。这时，现代建筑的建筑师的个人创新表现就会造成校园文化的"断裂"效果。

以上的设计手法与建筑形式的措辞，之所以需要夹注英文，是因为校园椰林大道两侧的主要建筑是西方古典的做法，与现代建筑的要求完全不同，建筑师若不了解，就不容易在设计上达到校园建筑形式上的"积累"与"传承"的效果。

西侧立面的开窗法

西侧立面的开窗法为细长条状窗，室内效果封闭，使用者的感受不佳。这部分是图书馆空间，由于面西，新生南路车多，为避免干扰，建筑师遂封闭开细长条窗，以为屏蔽。其实，这些问题即使开大窗也是可以克服的，尤其是图书馆空间，室内经常以空调控制温度，更容易解决。开大窗后，窗外的地景植栽甚至是新生南路的街道活动都可以产生更积极的效果。这方面，由日本建筑师操刀，在北教大临和平东路面最近完成的艺廊展示空间，效果不错。该艺廊空间虽然面北，但其落地大窗与和平东路街景的关系，仍然值得建筑师实地考察。

北面立面的透明玻璃开窗法

与人文大楼紧邻的北边的农业陈列馆，为20世纪60年代台大校园中虞日镇、张肇康设计的现代建筑，已经被指定为历史建筑，依专业原则，必须尊重。由于人文大楼基地面积所限，建筑师将北面底层挑空，建筑体量拔高。但体量拔高之后，对农业陈列馆低矮的两层楼形体造成强大的压迫感，效果不佳。建议北向立面全面采用透明玻璃隔架与透明玻璃开窗法，形成如一面透空的镜子的效果，减轻压力，加上农业陈列馆南向立面的反射，会形成意外的视觉效果。透明玻璃开窗法可以参考民权西路荣星花园对面的美丽华酒店的北向立面做法，效果可期。

以上对建筑物立面的建议，若建筑师认为四个立面必须统一，则值得指出：这种专业上坚持立面必须一体的看法，其实正是现代建筑的设计教条之一。因为将建筑物视为一个抽象的几何体量，甚至是可以放在手上翻转观看的雕塑一般的工程模型立方体，与建筑实际使用时是否是个好建筑，并没有必然的关系。

户外大水池的维护管理问题

人文大楼南向与西向室外空间，建筑师设计了大面积的水池。建筑师的目的能够了解，此做法不是不可接受，然而，请建筑师预先考量未来的经营管理问题，一则避免漏水，二则避免地处亚热带的台湾夏日滋生蚊蝇困扰。这方面的设计维护在台湾多有教训，如东海大学图书馆的室外水池设计。这不是不可能解决的问题。

表面建材清水红砖

这是一个关乎材料选择的细节问题，当建筑师的设计产出不是以校园形式的积累与传承为目的，而是断裂与突破为现代建筑师的个人表现职志时，这个细节问题就显得特别重要了。建筑师称，选择清水红砖，可以呼应行政大楼立面特色。但是，这时就得指出，人文大楼不是行政大楼，而是椰林大道两侧的排头院系建筑物。因此，人文大楼，尤其是正立面，似乎仍应坚持使用俗称"十三沟面砖"的表面建材，以求呼应校园全局，让刚进入校门的人感觉到这是属于台大校园的一栋建筑，强化校园认同。"十三沟面砖"（即筋面瓷砖，rib tile）若采用总图选材方式，就不会有造价过低、施工不良、材质不佳、雨水易渗的后果。

期待人文大楼的公共艺术方案能解决台大校外环境造成的视觉困扰

问题：自20世纪80年代起，台电大楼侧面巨大臃肿的体量就对椰林大道轴线由东往西的回看入口景观造成损害，说是破坏台大风水亦不为过。近来，因罗斯福路三段底台大积泰的超高住宅落成，该案没有仔细设计与处理其巨大的背面体量，使得前述台大椰林大道轴线回看入口景观的问题更加恶化。

建议把握这一次人文大楼在校门口兴建的机会，以百分之一公共艺术方案积极回应前述问题。基地南侧往椰林大道转弯处的外缘，目前为停车空间的绿地，可在此处补植大王椰簇群以及比大王椰更显更高大的树种——如澳洲尤佳利簇群（成熟期后可高达四十米），同时，以本案所延伸的公共艺术方案，产生一个公共艺术文化造物。它可以是欧洲中世纪校园元素中的钟塔或望楼或其他形体的公共艺术，以优美的形体成功吸引视线，成为大门之后、围墙边缘、椰林大道轴线往西回看的终端焦点，将校外建筑物如台大积泰与台电大楼这类远处的不良景观，自动化为视觉背景。这种未来能抓住眼球、形成校园认同的地标，不但形体细致优雅不会给周边环境造成压迫感，甚至还能用美妙的乐音报时，表现校园活动的节奏；夜间还可以发出动人的光线，成为视觉的中心，将校园其他不良物化为背景。这将是人文大楼为大门添胜景的难得机会。当然，这是一个有挑战性的高难度设计案，唯有最优秀的设计师能担此大任。

植栽计划也可与前述钟塔或望楼或其他形体的公共艺术兼容。由于台大椰林大道轴线两侧的正门与老校园学院建筑再现的是欧洲中世纪修道院式的学院氛围，因此，中世纪的钟楼有不少实例可以参考，既可以为大门口添胜景，又可以转移注意力。甚至，借北大校园的成功经验也可以大胆预言，此处即使移植中国宝塔，只要塔型优美，也会成功。建议将本案独立于既有人文大楼兴建工程案之外，校规会撰写任务简单、问题清楚的计划书之后，项目举办国际竞赛，一举解决台大校园之痛。

由于人文大楼的建筑师曾经在校方对记者的公开场合中表示，他的建筑设计是艺术品，希望学校能尊重艺术。因此最后，让我们经由对建筑形式的分析，进一步讨论校园空间的文化形式的积累与断裂之间的区分。

台大校园规划过程中所引爆的人文大楼建筑设计的冲突，虽然有台大校园本身的特殊性，却也经常在现代校园规划的执行过程中出现，也是现代建筑与规划中经常碰到的问题，值得我们反思。

第一，现代建筑与规划潜藏的美学论述上的偏见——建筑师耽溺于现代建筑对于建筑形式的乌托邦陷阱，就容易站在校园可持续性发展的对立面，成为自然与人文环境的破坏者。

从现代建筑与规划的历史来看，校园规划对校园形式的期望以及制定设计准则，以至于经由都市设计与都市规划过程来规范建筑师的形式表现，是在20世纪60年代欧美社会，尤其是在美国社会，因为社会运动的动力与市民社会使现代建筑师与规划师的专业神话受到了质疑与挑战的历史产物。校园，尤其是有历史的大学的老校园，多有严格的要求，可以说是吸取惨痛教训的结果,如剑桥、牛津等大学。当然,校园规划的设计准则,乃至都市设计的设计规范,特别是针对形式的管制,十分不容易拿捏分寸。虽然俄勒冈大学的校园规划实验取得了相当成功的经验,但有些校园,如斯坦福大学,尽管规定了严格准则,却收不到预期成果。在目标与执行手段上,确实还有进一步思考的空间。

至于有些主张,认为大学校园建筑完全不需准则规范,认为当代的建筑是建筑师的表现,也是时代精神,不宜干预。这个观点是有既定偏见的立场。这是现代建筑师及为现代建筑鸣锣开道、表面中立的操作批评的建筑评论家的意识形态,其实是黑格尔右翼的美学观点,也是20世纪初大工业资产阶级价值观的再现。勒·柯布西耶设计的卡朋特中心与哈佛大学既有校园建筑格格不入,可以说是当时现代建筑的价值观下建筑师丝毫不觉得有尊重既有基地的必要的一个显例。作为建筑博物馆的耶鲁大学校园,在20世纪60年代的学生运动中即深受其苦:1963年落成的耶鲁建筑与艺术学院的大楼,号称为现代建筑的粗野主义(Brutalism)里程碑,首当其冲,1969年6月被学生焚毁。设计该大楼的建筑师,也就是院长保罗·鲁道夫(Paul Rudolph)仓皇辞职,学校聘任加州大学伯克利分校的查理·摩尔(Charles Moore)代之,才平息了学生的反对声浪。

更进一步,造成这些冲突的建筑师,大多禀持的价值观与美学主张是现代建筑师的前卫先锋派美学。在这方面,意大利建筑史家曼弗雷多·塔夫里(Manfredo Tafuri)早已指陈得十分清楚。[9]当建筑师过分耽溺于现代建筑师的致命死穴——建筑形式的乌托邦陷阱时,他当然就成了校园可持续性发展的杀手,是自然与人文环境的破坏者。[10]

第二,反思现代性的建构——现代性就是断裂,而不是继承。

这种破坏者的行为不只是个人意识的展现,也不是勒·柯布西耶的特殊个性使然;这是创造性的破坏,也是破坏性的创造,这是现代性(modernity)的建构。现代性,这是一种生命的经验方式。这是由19世纪巴黎到20世纪纽约的都市更新,到21世纪亚洲城市与大学校园里还在加速上演的戏剧。马歇尔·伯曼(Marshall Berman)指出:"现代性是对空间、时间、自我及他人的一种共通而普同的生活经验方式,应允我们冒险、乐观、成长、改变自己及世界——但同时又威胁着要破坏我们所有的一切,所知的一切,所在的一切。"[11]普同的现代性提法的核心是资本主义生产方式。大卫·哈维(David Harvey)说得很明白:"资本主义一直受到资本积累的饥渴的催逼,在历史的某一点上按自己的形象创造了一个地景,稍后必须将它破坏,以便为进一步的积累开路。"[12]现代性,它就是断裂,而不是继承。

第三，大学与积累——知识积累和空间积累要求大学与校园整合，才能有所继承和创新。

在前面建立的批判性分析的基础上，台大人文大楼在校园空间上的断裂，造成空间积累的困境，原因在于专业者未能在校园空间上有所继承。假如大学与校园的积累的正当性得到了肯定，那要如何才能由积累进而获致主动的继承呢？首先，在前述的过程中对建筑师的设计曾经提出九点建议，并在致校长与校园规划委员会的紧急陈情信函中提出了七点建议，它们的内容都主要针对台大校园形式展现（performance）的空间模式（patterns）[13]，也就是校园规划的设计准则（design guidelines）[14]，或者说，校园的模型与原型（model and prototypes）[15]，换句话说，这就是台大校园规划的论述展现（discursive performance）。[16]基于这些空间模式，而不是形式化的措辞下所谓的"风格"（style），校园的设计就可以具体地由积累开始，进而能主动继承。

然后，这样的校园规划与设计就完全不需要创新与发明了吗？非也。从对台湾大学校园的批判性历史分析角度所提供的反省性思考，我们认识到台湾大学校园其实是一个殖民大学校园（colonial university campus）。殖民大学校园的空间模型就是营造行为要遵循的形式之标准。举例而言，巴洛克的轴线与权力、校园规划中的学院（college）等，就是殖民大学的空间模型。巴洛克轴线的殖民移植是殖民大学的主要模型。轴线端点的南方研究中心，正是殖民军国主义的权力展现。这条轴线与建筑物的规划构想，清楚呈现与神圣化了"台北帝国大学"的殖民任务，值得仔细阐述。巴洛克式轴线是组织"台北帝国大学"校园的最主要的空间模式。所谓巴洛克式轴线，是西欧城市在文艺复兴之后，通过视觉上的透视要求，规划与设计连接不同的消失点、组织不同节点与端点地标之间的张力，是营造空间最重要的手法。这是西方文明里理性对自然与都市地景的支配，也再现了教皇或帝王的权力。尤其见于18至19世纪以来帝国主义的殖民城市，这是殖民者对现代都市景观的想象与支配。日本殖民者在明治维新之后，移植西欧古典模式统治台湾的城市，是有意识的殖民统治术。移植教皇的罗马、路易十四的凡尔赛宫与卢浮宫、德国的柏林、美国首都华盛顿等背后组织空间的逻辑，表现在昔日台北总督府、景福门，以及面前两条大道的布局之上。在同样的脉络下，殖民大学也移植了美国托马斯·杰弗逊设计的弗吉尼亚大学的校园布局。这里是知识贵族的理性展现，也是年轻一代的殖民者们知识生产的地方，殖民者的南国想象，象征性地表现了作为殖民大学的"台北帝国大学"的历史任务——军国主义南侵的知识基地。若按日本本土的帝国大学校园配置的惯例，这个轴线端点应配置讲堂才是。殖民大学中央支配性的轴线大道，原先采用碎石路面，而后铺设柏油路面，均为价廉粗糙的面材，而非绿草地，这可以说是殖民军国主义权力展现的历史遗留，不是大学所需的人文氛围。至于轴线两侧之布局，则为教学研究核心区。轴线北部为文政学部、图书馆（今校史馆），南侧则为理农学部的农学教室、理农及专门大楼、理化学教室（今二号馆）以及生物学教室（今一号馆，即戏剧学系）。整体布局的空间组织上，南北校舍以丁字路为架构往外延伸，以建筑物山墙作为端景，主要建筑物的正面则以丁字错开配置。[17]

接着下一个层次，校园在空间原型上，也遵循指定处方，或是惯例性准则。举例而言，校园规划中的学院（college）的院落（courtyard）原型，就是殖民大学移植时的重点。然而，日本殖民者在明治维新"脱亚入欧"之后，一知半解地移植现代大学，技术层次的移植未基于对西方大学与校园之深入认识，在校园规划与设计上，形式主义美学为支配性思考。即使已经移植了德国古典大学的研究教授制度，可是大学与校园本身，仍然是殖民者的肤浅移植——以意大利中世纪学院形体，结合南国的地景的浪漫想象。其实，作为教育知识贵族的古典大学的学院制院落——英美古典大学经常采用学院制——是古典大学空间秩序的主要特征，它的要害在于结合了社会性空间与实质的空间，把住宿、研讨室、图书馆、餐厅、办公室等集合在一起，围成学院的院落，形构一个大型的学习团体，体现了一种成熟的校园生活经验[18]，这是知识贵族精英大学生活的文化培养（cultural cultivation），也是大学部本科生通识教育的核心价值建构。由于日本的殖民国家与社会未能了解这些，学院仅止于形式的模仿，也注定了校园与校园建筑只是一种想象，它本身就是文化认同的安慰剂，终究是全然无效的虚构故事。终于，在太平洋战争时的校园规划图中，由工学院的军工产业功能领军，土木与机械系以十字道路在北大门内扩大校园版图，军国主义全然现形。

所以，大学与积累，知识积累与空间积累，要求社会单元与空间单元的整合，如同学院原型的营造，大学与校园真正整合，才能有所继承同时又有所开创。

或许，这个时候可以回答：人文大楼的设计者、竹间联合建筑师事务所简学义建筑师是台湾的"现代建筑师"吗？他是哪一种类型的"现代建筑师"呢？他当然不是以"文化进取，革命心传"自诩的"现代中国建筑师"，像卢毓骏、杨卓成等人那样，巴黎美术学院的西方古典建筑论述与东方宫殿建筑空间措辞的结合体；也不是知识精英移植的现代空间的文化折衷措辞，像王大闳、张肇康、陈其宽等人这般，致力于"现代中国建筑"的建构；那么难道是在20世纪70年代末特定政治空间与时间中的学院式现代建筑，像汉宝德等人这一类型，以建筑的自主性追求，更疏远了国族认同的文化情感的美国版本的学院式现代建筑吗？显然也不是，因为美国版本的学院式现代建筑的基本训练与自我要求，就是要有能解决问题（problem solving）的现代工程的理性，然而人文大楼的建筑专业者延宕五年多还无能解决台大校门口基地的现实问题。上述所有这些都是过去的台湾现代建筑前辈了。[19]设计人文大楼的建筑师原来是20世纪80年代之后的台湾现代建筑师。可是，这时不是后现代主义范型转移之后的理论时势吗？为何建筑师还在坚持已经被质疑的上个世代的现代主义美学教条呢？可能建筑师自己并没有想这么多，他只是在移植全球化年代最形式主义的建筑师，也就是偶像建筑师们的表面形式吧？虽经常名之为极简主义，其实只是自我的欲望，强大到不明所以地努力在形式上模仿如安藤忠雄一般的形式吧？所以直截了当地呈现现代性再现的断裂，才会如此不自觉赤裸裸地展现创造性破坏的霸道吧？校园空间积累与文化自觉传承完全不在建筑师的思考范围之内。这其实不是现代设计，因为没有解决问题；这也不是建筑，因为他的作品是没有人生活的抽象空间。简言之，台大人文大楼的设计根本消灭了台大的校园规划。

台大人文大楼建筑设计到本文定稿为止还没有定案，已经历时五年四个月，堪称台大校园中最引起争议、执行过程延宕最久的个案。台大人文大楼在海峡两岸大学校园学术研讨会中的论文曾经提及，由2008年杭州讨论到2010年西安，以至于厦门，现在已经是2013年10月底了，现在人文大楼案还在等待通过台北市都市计划委员会的审议，还没有看到建筑设计本身解决方案的产生。原来，建筑师作为一个现代建筑师的典型，坚持原创性，刻意忽视传承，是造成校园规划与创新设计之间冲突的关键，这种断裂而非传承，其实正是现代性的创造性破坏的空间表现。

注释

1 本文原为在第十三届海峡两岸"大学的校园"学术研讨会（厦门大学建筑与土木工程学院主办，厦门，2013年10月17日）上的主题讲稿，经修改后收入本书。

2 依文学院学生数计算，每学期开设900门课程中有350班以上系全校性课程，导致增加之90名专任教师亦有研究室需求。见《台湾大学文学院2010年12月《人文大楼诸问题简要说明》，iberalbuilding.ntu.edu.tw/images/liberal/brief.pdf

3 江瑞祥，2010. 校园规划与公共决策灾难. 11-17. rescueliberal.wordpress.com/2010/11/18/校园规划与公共决策灾难/

4 夏铸九，2011. 九点校园空间模式. 04-15.

5 夏铸九，2008. 可持续发展的大学校园规划——对现代建筑与规划的一点反思. 第八届海峡两岸"大学的校园"学术研讨会主题发言，浙江大学建筑学院主办，杭州，10月18-19日；夏铸九，2010. 历史中的台湾大学校园——台大校园营造与空间的文化表现. 第十届海峡两岸"大学的校园"学术研讨会论文，西安建筑科技大学主办，西安，9月25-26日。

6 一位建筑师，若是现代建筑美学的唯一主义者，只相信一种纯粹的美学，那是建筑教育贫困的最坏例子，因此会被后现代主义取代。建筑师不接受使用者熟习的、已经有符号意义的建筑模式（patterns），因为现代建筑美学价值是抽象空间，是纯粹几何的空间，自20世纪初在欧洲的主要城市中建构，经由学院的美学训练，成为普同的专业价值，并提炼为区分阶级的品位准绳，所以建筑师不会自知。这也就是反省、反身能力的重要性——建筑师没有拉开距离、反观自身的能力，所以，一旦享有权力，就容易成为建筑灾难的制造者。

7 张小虹教授在2013年6月10日的发言稿。

8 见夏铸九2013年8月1日《致校长信：对台大人文大楼建筑设计最后阶段一些建筑形式的建议》，当年8月6日加以补充，8月7日再经修正，8月10日补充了加在最后的文字。

9 见：TAFURI M，1976. Architecture and Utopia: Design and Capitalist Development. Cambridge, Mass.: The MIT Press.

10 见：MCDONOUGH W，BRAUNGART M，2002. Cradle to Cradle: Remaking the Way We Make Things. Chapter 1. New York: Melcher Media.（中译本：威廉·麦唐诺，麦克·布朗嘉，2008. 从摇篮到摇篮——绿色经济的设计提案."中国21世纪议程管理中心"，"中美可持续发展中心"，译. 台北：野人文化股份有限公司：52.）

11 BERMAN M，1982. All That Is Solid Melts Into Air: The Experience of Modernity. New York: Simon and Shuster.

12 HARVEY D，2003. Paris, Capital of Modernity. London: Routledge.（中译本：大卫·哈维，2007. 巴黎，现代性之都. 黄煜文，译. 台北：群学出版有限公司.）

13 ALEXANDER C, etal, 1977. A Pattern Language. New York: Oxford University Press.

14 COOPER MARCUS C, FRANCIS C, eds., 1990. People Places: Design Guidelines for Urban Open Space. New York: Van Nostrand Reinhold.

15 LYNCH K，1981. A Theory of Good City Form. Cambridge, Mass.: The MIT Press.

16 EAGLETON T，1983. Literary Theory: An Introduction. Minneapolis: University of Minnesota Press.

17 夏铸九，2010. 夏铸九的校园时空漫步. 台北：台大出版中心.

18 可以参考：LYNCH K，1971. Site Planning. 2nd edition. Cambridge, Massachusetts: The MIT Press, ch.10：346-347.

19 理论角度与现代建筑师类型，参考：夏铸九，2013. 第八章，"现代建筑在台湾——1950—1970年代的台湾建筑"，// 建筑导论，台北：台大出版中心。

由全球都会区域的视角
重思大学校园与校园规划 [1]

　　面对都会区域崛起与新都市问题浮现及其给都会治理造成的挑战，本文由都会区域的全球视角，重思大学校园与校园规划。作者试图由现实的经验案例反思，讨论全球都会区域的形构与各个都会区域的特殊性。全球信息化资本主义（global informational capitalism）下的空间形式就是都会区域的浮现。[2] 都会区域在亚太，像是温哥华—西雅图、北加州湾区—旧金山—硅谷、南加州被称为是南方（The South）的都会区域，包括大洛杉矶、圣地亚哥，甚至跨过墨西哥边境，东京—大阪、首尔—仁川、从苏澳市到屏东市的中国台湾西海岸、珠三角、长三角、京津冀、柔佛—新加坡，等等。前述的全球都会区域浮现过程中，尤其是在都会区域与大学之间的关系上，各个都会区域又各有其特殊性。

譬如说，北加州湾区—旧金山—硅谷之于在帕罗阿图的斯坦福大学与加州大学伯克利分校，研究性大学的顶尖人才集中与研发能力，关系着创新氛围的建构与硅谷高科技产业的竞争力的建构，[3]最后，创投资本与高科技研发创新的结合，遂造就了硅谷成功的关键。

再如1990年以后浮现的长三角，虽然快速发展过程中也出现了上海这样成为核心的大都市，但是就整个长三角而言，还不是摊大饼式的都市蔓延，南京、苏锡常、杭嘉湖、宁波、南通、扬州等城市，每一个都各有其漫长的历史、丰富多样的区域文化、深耕的生态条件，各有其自主性的产业活力，有极其密集的城际间运输网络，不只一条高铁，也有航空线连接全球，以及，有足以自豪的地方认同。这种在区域里星罗棋布的城市布局，几乎可以作为当前城镇化政策的典范。不用将历史推得更久远，哪怕是从明清城镇的世俗空间之中，从手艺人到文人空间，我们都能看到山水绘画、宅第园林、家具器物、紫砂青花、昆曲评弹……以及，计成的《园冶》与李渔的《笠翁一家言文集》里对生活空间的敏感，星罗棋布的是有底蕴的传统城镇。至于上海、南京的高校密度，则提供了支持学习型区域的必要条件。以至于位于长三角都会区上海四平路的同济大学，自2005年起即与地方政府联合推动"环同济知识圈"，产值由不足30亿元发展到2012年的198亿元，开创了所谓"三区融合，联动发展"校地合作的典范。[4]

至于近年才浮现的京津冀都会区域，由于北京长期以来都是权力的中心，单一中心的大都会造就了"摊大饼"模式。而天津，历史地处于"从属"地位，即使成为直辖市，由于行政体制分割，两市合作十分薄弱。至于河北，相对于北京中心的巨大虹吸力量，则是"灯下黑"；它与北京的对接关系，被河北地方政府称为是"剃头担子一头热"，或者是被媒体生动形容为"大树底下不长草"。[5]特别是冀北，由于自然条件与对北京的上风上水限制，传统农作产品不能自足，地方产业难有自主性，公共设施欠缺，远离河北省城，靠近北京，却是首都边缘，变成了"环首都贫困带"。[6]这里可以说是京津冀都会区域内部经济功能的不连续区段，有着市场行为不选择的人口，不接通的片断化的脱落地方，被社会排除的贫困带。京津冀都会治理是国家面对都会区域一体化议题的真实挑战，它包括了如何落实区域政策，限制都市蔓延政策的精确度与效力，将工作与人口分散到其他城市，解决水资源紧缺与交通"首堵"，而不是继续失控"摊大饼"，雾霾恶化。京津冀都会区域都市网络涵盖范围已经是"2+11"，即，除北京、天津外，还包括河北的石家庄、唐山、秦皇岛、保定、张家口、承德、沧州、廊坊、邯郸、邢台、衡水等市。在制定规划的同时，京津冀已经签署了多项合作协议，包括污染防治合作、航空领域警务合作、海关合作区域通关一体化等，在生态危机与永续城市、全球门户城市（global gateway city）方面，算是起步。京津冀协同发展规划，如何能有效执行将是成败关键。在公共媒体上，不少专家意见已经指出：公共政策层面如何融合而非淘汰产业迁移？相对于北京单一中心大都会模式的历史现实，其他城市从属地位的政经差距如何能去中心化？一体化是向周边两地"甩包袱"的行动吗？为何不是让出权力？能否面对不同城市公共服务上的，以及地方财政上的差距？[7]京津冀一体化必须吸取英国战后新镇政策执行的教训——即便有新镇开发公司的有效执行能力，大伦敦周边原来规划为自给自足的新镇，还是沦为在住宅、公共设施、管理质量方面较好而价格较低的城郊而已。换句话说，搬迁后的机构不能自主发展，仍然会以其他方式再度回流，最后的噩梦就是继续再"摊一轮大饼"。[8]最后，更重要的是区域政策执行的制度性设计，是学习成立大巴黎城市经济共同体组织？还是由中央出面组织强有力的协调机制？[9]这是京津冀都会治理制度创新的关键。因此，北京"瘦身"，即京津冀一体化的政策，确实是当前最急迫的都会治理课题。现在，媒体上的公共讨论已经触及区域经济的差距和行政区域的分割是问题所在，所以，是通过中央补偿的方式，还是把北京的资源强制划分给河北？已经成为思考的方向。长期稳步地推进公共服务的地方化被认为是解决的策略。[10]那么，在由国家掌握的高教资源的地方分派上，换句话说，也就是在现实情境下大学校园是否由北京外移，也首度成为真实的课题，值得我们进一步讨论。

首先，在其他都会区域，是否已经有类似的大学校园与校区外移的经验，值得京津冀一体化布局时作为借鉴呢？在这方面，2003年1月总体规划启动、19个月后一期工程完工、2004年9月1日第一期进驻十所高校的珠三角广州大学城的经验，值得经由用后评估（Post Occupancy Evaluation，POE），总结出值得参考与推广的经验，或是需要在未来实践中避免的教训。[11]

更根本的问题是，大学到底是否适合外移？这问题在在考验着国家教育政策、都市与区域政策的决策者，以及大学领导人——也就是学术界的帅才——对全球化年代大学定位的思考。这是重新定义大学与校园，重思大学校园与校园规划的时候，大学教育要对校园提出看法，大学校园规划是大学教育的空间结果与意义表现。位处今天东京—大阪都会区域的东京都会区市中心的东京大学，曾经面对政府提供巨额经费支持校区外移，最后，校方考量学术研究活动的特殊性与延续性，婉拒了政府提出的外移决策。

其次，在目前有限的一些经验中，校园外移之后，与原来市中心校区的关系值得检讨。假如仍然维持教学与学术活动上的联系，即使提供了轨道交通，师生两地奔波仍然十分辛苦，特别值得由学生学习的角度思考校园空间的距离。假如新旧校园是彼此自主的校区，对紧密联系的要求不高，校园外移成为自主性的校区，问题相对不严重。然而，外移之后的校园除了使用空间的面积确实增加、设备相对改善之外，其他校园生活的动线连接、校园活动的重叠与丰富性，以及校园历史与文化传承的象征意义，都值得校园规划者深思。不然，失去大学校园熏陶机会的学生们总会觉得自己是被忽视的群体。今天对校园规划的期待，校园一如城市，是个复杂空间的半格子系统，不是树状结构，不仅仅是现代主义者眼中简单功能上的分区与系所独立楼馆的分配而已。这一点值得校园规划者反思自身规划思想的知识根源。

其实，早期修道院式孤立的大学校园类型本身就存在不少问题，在现实的都市发展下其实是一种无力面对现实的神话。大学校园规划不能是未经检验的反都市的意识形态乡愁。学生生活的特殊要求以及学习与研究所使用的正式与非正式空间，还有未来校园的成长与可能的发展，都是校园规划必须提早面对的。譬如说，柔佛—新加坡都会区域中，位于马来西亚柔佛的马来西亚理工大学（Universiti Teknologi Malaysia, UTM Skudai），是一所在苏丹捐赠的广大土地上兴建的修道院式大学，其校园也是西方现代主义规划简单思维所造就的。在广袤孤立、热带多雨、优美单纯、绿色宁静的丘峦草场之中，散置零星的院系与校园设施，于是所有的校园移动都必须高度仰赖汽车。不要说日常学生移动不容易，在全球化年代面对频繁的国际学术交流活动，外来的学术会议访客一旦进入一个固定地点之后竟也动弹不得。可以说，这所校园完全站在了能提供自在步行、连续动线、遮雨骑楼与庇荫廊道的友善都市空间之对立面。这时，即使是冬季严寒的新英格兰地区，位于美东新都会区域波士顿剑桥的麻省理工学院校园，主要大门之后串起整个校园的室内中央长廊，反而务实地提供了一条大学校园中最重要的、能彼此互动的、紧密联系各单位与可见活动的步行动线，这就是都市型大学的校园。

许多大学校园，即使原来位处郊区，日后在都市发展的过程中难免沦为都市蔓延的一部分，或是为穿越性快速交通路网所切割与包围；或者，即使身处城市中心，却为全球化年代关键性交通动线绕道而过，不再成为节点，失去带动校园转型的动力。前者，如中国台湾西海岸都会区域台北都市中心的台湾大学校园，被具有伤害性的交通干道切割，带来学生安全隐患、噪音及空气污染，所幸都市捷运仍然经过大门，得以保持都市节点的功能，台湾大学与台北城市之间的紧密互惠关系始终得以维持。而后者，如中国台湾西海岸都会区域台南市中心后火车站旁的成功大学，因为取得台糖公司相对廉价的土地，高速铁路竟然绕行城市外围，未停靠台南市而就边远的农业用地沙仑，不但使得沙仑新站外的房地产开发投资套牢，被戏谑为"住套房"，台湾高铁定线与设站这种错误的规划决策，对必须成为节点的大学与台南既有市中心造成难以挽回的伤害。[12] 上述种种都市发展的吞噬与排除的力量，即使是欧美的大学也很难幸免。最明显的例子，如美东海岸都会区域中纽约的哥伦比亚大学与美中芝加哥大学校园，都为资本主义都市发展下两极化城市的都市贫穷问题所分裂；美东新英格兰地区优美典雅的耶鲁大学校园庭院与新港城市之间没有围墙的友善关系，也被都市贫穷造成的校园安全问题所破坏。那么在快速都市发展的背景下，都市蔓延造成高密度人口集中的东亚都市现实呢？最戏剧性的例子莫过于位于中国台湾西海岸都会区域中的台中都会区边缘的东海大学。这所大学昔日是典型的修道院式大学，20世纪50年代在美国奥柏林大学成立的联合董事会，在当时的特殊历史条件下，斥巨资在四周田野与农场中营造美式博雅学院（liberal college），这是一个文学院师生可以在相思林下慢踱步的校园，夜间得以俯瞰台中城市中心的灯火。如今变成了摩肩接踵、人车争道的拥挤空间，围墙中孤立的校园早已沦为被台中都市蔓延重重包围，甚至被穿越交通威胁的都市校园。这种情境完全不是当初的校园规划者贝聿铭所带领的规划与设计团队所能预见的都市未来。[13]

因此，大学校园即使要外移，也必须主动预先考量外移对象城市的自主性如何，大学与该城市的关系又如何。这些应被视为校园规划的重要课题并加以面对，这才是当前负责任的校园规划者的当务之急。譬如说，学生住宿问题，是大学提供校园宿舍？当然，即使是学生宿舍，也不一定必须是无趣如军营管理一般的集体宿舍。抑或是在成本获利与市场机制下，放任学生在校园周边城市的住宅市场解决住宿问题？那么，都市非正式部门所提供的隔间公寓与群居房，就是发展中国家的都市学生必须面对的居住现实，这是台湾西海岸都会区域中大学校园空间的常态，尤以私立大学为甚。[14] 相对于校园中受大学管理的宿舍，高密度的都市学生租赁住宅有其空间享用自主性的正面意义，也是重要的校园集体记忆与学习成长经验，然而，火灾造成的安全问题会成为最大隐患。

还有，京津冀都会区域中的北京，高校确实众多而密集。一旦大学校园外移成为重大政策，从而成为区域发展的趋势，对于已经成为全球科技创新节点之一的北京中关村而言，可能造成的冲击恐怕远大于租金持续高涨带来的威胁。30年前的北京中关村是电子商品批发零售集散地，30年后，电子商务在这里兴起，京东、联想、百度、搜狐、奇虎360等科技产业巨头的总部都选择在中关村落户。这个北京西北的电子科技园区已经扩展到北至怀柔、南到大兴、西至门头沟、东抵平谷，散布北京各区，形成产业侧重各有不同的16个中关村园区；这些园区中的企业，都可以利用中关村的政策、资金以及人才资源。现在，新创办的科技企业每日平均达16家；40万科技人员服务于两万家高薪技术企业，2013年收入3.05兆元人民币，区内企业在全国各地设立了约9200家分支机构，中关村国家自主创新示范区已经成为科技突破最重要的策源地了。[15] 甚至，在天使资金的支持下，拥有电子商务平台及庞大用户群的腾讯，与拥有出色网络销售及完整物流仓储渠道的京东，达成合作，这是发轫于美国北加州湾区—旧金山—硅谷的商业模式，却被移植在京津冀都会区域北京中关村并实现跨越式发展的精彩个案。[16] 中关村的形成过程，与京津冀都会区域中的北京作为高校最集中的节点有密切的关系，尤其是海淀区正是众多著名高校的集中地，一如前述的美国北加州湾区—旧金山—硅谷都会区域。一旦大学校园外移成为重大的区域发展政策，对中关村企业的冲击可能是比租金五年之间涨幅达44%更难以承受之重，因为高科技成长的关键就在于创新的人才，这是知识经济形构的核心动力。

　　假如大学校园不宜外移的话，那么，混合性土地使用、高层高密度空间紧密发展，就是都市型大学必须面对的校园规划手段，而珠三角都会区域中香港的大学校园在这方面累积了不少经验。其实，大学与城市的关系一直就是大学与校园规划的老议题。大学与城市的关系是校园规划思考的关键，前述大学城或是修道院式校园所提供的学习空间与城市提供的都市活力之间的关系，确实值得反思。更何况，城市就是社会组织与文化价值的表现，创意城市的都市生活经营与研究性大学的创新氛围建构，目前是全球经济竞争中城市与高等教育机构的历史挑战，大学的校园规划有责任面对这个问题。前文提到北加州湾区—旧金山—硅谷都会区域的大都会特性与斯坦福大学、加州大学伯克利分校之间的互惠关系，支持了信息城市急需的创新氛围建构与高科技产业的竞争力，而创投资金则敏锐地投下宛若天使般的关注。这不只是止于表面模仿，让大学师生及早达到生产力提高所需的层次，伤害了学生应有的学习权利，而是如何开启全球化时代下研究性大学的新角色。以长三角都会区域中的南京为例，其各级学校师生占都市人口已近1/3，仅仅连接地铁二号到四号线即可串接诸多校园。譬如说，由仙林大学城出发，由仙林校区中的南京大学、南京中医药大学、南京外国语学校、南京邮电大学、南京财经大学、南京师范大学等，还可包括北边远一点的仙林校区的南京工业职业技术学院、南京信息职业技术学院、南京理工大学的紫金学院、南京师范大学地理科学学院等，然后四号线途经徐庄软件园、紫金山脚下的南京林业大学、南京师范大学紫金校区，往前是南京外国语学校、南京市政府、鸡鸣寺、东南大学、鼓楼、南京大学，再往前则是南京师范大学、河海大学、草场门、南京艺术学院、江苏教育学院，最后过长江到达南京工业大学——仅仅这条地铁线即可串起一系列与设计相关、与科技研究相关的院校，是城市里难能可贵的教育与文化资产。可是，南京城市迄今未能正面经由地铁动线的站名表现出这些院校的地名特色，更不要说发挥学习城市的潜力，激发这些研究与专业应用的能量了。[17]这条城市动线的流动空间，不但可以连接起从高科技园区到文创园区的不同类型的研究园区，而且可以丰富市民的都市生活，充实都市的公共空间，营造南京城市的特色。校园与城市的空间彼此交叠，大学的学院空间的公共领域（public sphere）有机会成就为都市的公共空间（public space）与开放空间（open space），这是都市型大学的空间特色与社会机会，值得着眼于全球都会区域的校园规划者把握。[18]

而就在长三角都会区域的江南，长居苏州庙港的南怀瑾早就厘清了佛教丛林制度与中国社会的阐述。神秀尚渐修，慧能主顿悟。禅宗崛起，教外别传，不立文字，直指人心，见性成佛。六祖这种质朴与根本的说话方式与参禅公案能产生如此重大的影响在于丛林。丛林者，禅宗僧众集团也。唐中叶元和九年百丈怀海禅师立天下丛林清规与丛林制度，确立了长久流传与仿行的社会组织与制度的基础，为禅宗僧众团体提供了在中国的小农经济与宗法社会中发展的物质基础。丛林制度规范住持产生、退院、与政府关系、执行任务、两序班首，确立一种圆的社会交往关系，既非上下，亦非隶属，只有师生尊敬的社会关系的特殊文化价值。住持职司有授受程序，规定两序执事、各职班首执事、江湖清众等关系。于是以修持为中心的禅堂空间与上位大和尚引领禅坐的禅堂生活遂成就了佛法正途，两宋后影响儒家理学书院至巨。[19]在长三角都会区域杭州西溪湿地创意产业园最近举办的演讲中，龚鹏程提及儒家书院的传统，尤其是在城市里的书院，除了质疑问难辩论性质的讲会与书院山长的主讲之外，书院提供的讲学中有一种宣讲。书院的围墙是开放的，提供一种公共性的说话方式，这是有社会性的讲学，向社会开放，以市井与百姓的语言宣讲，发挥教化的作用。[20]就这个意义上，对照丛林禅堂空间在于山林，书院则是一种都市公共空间与公共领域。面对全球都会区域中的大学，大学与城市的关系其实充满了新的可能性。总之，都会区域已经崛起，新都市问题紧随而至，都会治理是无法逃避的挑战，而我们已然身处其中，大学校园是全球都会网络中区域创新的学习节点。大学校园可以由禅堂与书院获得启发，流动空间得以跨越空间、跨越时间，重启连接，连接都市公共领域、公共空间以及开放空间的可能性，而成就地方的空间。十年树木，百年树人，这样，由都会区域的全球视角重思大学校园与校园规划，而我们的大学校园的规划，不正是一个改变空间与社会的积极计划吗？

注释

1 本文原为在第十四届海峡两岸"大学的校园"学术研讨会（哈尔滨工业大学建筑学院主办，2014年9月25-26日）上的主题报告论文，经修改后收录本书。

2 以欧洲为主的都市研究者、管理学者、经济学者、都市与区域规划师长期以来多用此措辞，譬如见：CASTELLS M, 1977. The Urban Question: A Marxist Approach. Cambridge, Mass.: MIT Press (French Original 1972); KLAESSON J etal., eds., 2013. Metropolitan Regions: Knowledge Infrastructures of the Global Economy(Advances in Spatial Science). Berlin: Springer-Verlag. 曼纽尔·卡斯特尔（Manuel Castells）说，将21世纪的这种新空间形式称为"都会区域"，是为了避免其自己在1966年的书里所称的"巨形城市"（mega-cities），引起对"城市"一词的误解，见：CASTELLS M, 1999. "The Culture of Cities in the Information Age," paper presented for the Library of Congress Conference "Frontiers of the Mind in the Twenty-first Century," Washington, DC, June 14-18; also published in : SUSSER Ida ed., 2002. The Castells Reader on Cities and Social Theory. Oxford: Blackwell : 373. "都会区域"一词的建构，也可以参考夏铸九在第五届海峡两岸经济地理学研讨会上发表的论文《理论重构——由城市区域到都会区域》《经济地理学的创新发展》。中国地理学会经济地理学专业委员会、台湾地理学会主办，南京，中国科学院南京地理与湖泊研究所，2014年6月27-28日。

3 参考：CASTELLS M, 2000. The Rise of the Network Society. 2nd edition. Oxford: Blackwell : 64-66. 中译本：曼威·柯司特，2000. 夏铸九，王志弘，译. 网络社会之崛起. 修订再版. 台北：唐山出版社：71-73.

4 见百度百科"同济大学"词条。

5 涿州"北望"，涿州希望通过"去河北化"推动地方发展，但是"大树底下难长草"的现实依然困扰着这座城市。见：刘子倩，2012. 环首都贫困带——大树底下不长草. 中国新闻周刊. 转引自百度贴吧"中华城市吧"，2012-04-13.

6 这是2005年肖金成参与亚洲开发银行对冀北燕山太行山山区调研的结果，见：贾冬婷，2014. 首都功能纾解的现实可能：专访国家发改委国土开发与地区经济研究所所长肖金成. 三联生活周刊，第15期，04-14：136. 也可以参考百度百科"环首都贫困带"词条。

7 见：降蕴彰，2014. 京津冀协同发展规划将上报组织协调机制成最大难题. 经济观察报，06-02：5；徐卓君，2014. 京津冀一体化的核心是分权. 南都周刊，第12期，总第801期：6.

8 覃爱玲，2014. 京津冀如何一体化. 南风窗，第8期，总第512期：9.

9 降蕴彰，2014. 京津冀协同发展规划将上报组织协调机制成最大难题. 经济观察报，06-02：5；贾冬婷，2014. 首都功能纾解的现实可能——专访国家发改委国土开发与地区经济研究所所长肖金成. 三联生活周刊，第15期，04-14：134-138.

10 可以参考《新京报》2014年9月3日对中国城市和小城镇改革发展中心主任李铁的采访：《李铁：交通是京津冀协同发展的关键因素》。

11 第一期进驻的十所高校是：中山大学、华南理工大学、华南师范大学、广州大学、广东外语外贸大学、广州中医药大学、广东药学院、广东工业大学、广州美术学院、星海音乐学院。

12 参考：温蓓章，2001. 国家转型与运输规划：台湾南北高速铁路政策规划过程之研究. 台湾大学建筑与城乡研究所博士论文；夏铸九，2014. 台湾的都市化与都市政策——西海岸都会区域的浮现. 山西大学地方治理创新与地方选举会议论文. 台湾民主基金会与北京清华大学政系主办，9月11日。

13 参考：郭奇正，2008. 校园空间生产与文化认同的建构——以台湾东海大学为例. 第八届海峡两岸"大学的校园"学术研讨会主题论文. 浙江大学建筑学院主办，10月18-19日。

14 黄敏祯，1992. 台湾私立大学学生宿舍问题之政治经济学分析. 台湾大学建筑与城乡研究所硕士论文.

15 参考：王玉燕，2014. 北京中关村，全球科技创新中心. 联合报，A11，08-04.

16 见：桑晓霓，2014. 张磊：中西合璧的投资推手. 金融时报，07-24.

17 这是南京我爱我家房地产经纪公司史立斌先生的观点。

18 可以参考：夏铸九，2014. 台湾大学与台北城市关系演进研究. 城市与区域规划研究，6（2），总第16期：27-37.

19 见：南怀瑾，1987. 禅宗丛林制度与中国社会 // 中国佛教发展史略论. 台北：老古文化事业股份有限公司.

20 参考2014年6月14日龚鹏程在杭州西溪湿地西溪创意产业园的演讲：《古代书院是如何运作的》。

全球信息化年代
大学校园与
校园规划的挑战 [1]

由于高科技引领的信息越界流动，新经济催动的网络与节点塑造空间的巨大力量，伴随着区域不均衡发展与快速网络都市化趋势，以及都市地区存在的社会接纳与社会排除（social inclusion and social exclusion）并存的两极化城市（polarized cities），还有，水、土壤、空气污染引爆的生态危机城市（cities of ecological crisis），我们看到了全球都会区域（metropolitan regions）的快速崛起与新都市问题（new urban questions）的浮现，于是，领域治理（territorial governance），尤其是都会治理（metropolitan governance），成为横渡全球化恶水的国家必须面对的棘手问题。全球都会治理能力的表现关系着国家在全球经济残酷竞争中的结局，规划与设计的价值观不只是技术性的专业论述，它表现为全球化信息化时代的文化领导权（hegemony）的争夺，[2] 因此，规划与设计者面对的挑战值得学院与专业者深思。譬如说，"一带一路"[3] 倡议拉开了国家面对世界新的历史视野与空间展望，亚投行则推动金融制度的支持，高速公路（如连接昆明、老挝、泰国的昆曼公路）、高速铁路（如昆明至新加坡泛亚铁路、印尼雅万铁路、俄罗斯莫斯科至喀山高铁、争取美国洛杉矶至旧金山加州高铁等）、传播与电信企业的设备制造（如中兴、华为）、基础设施（如中国通信）、运营服务（如中国电信、中国移动、中国联通），已经以其技术优势提供流动的服务，拉开全球信息化年代的网络与节点的地图，率先走出新的友善与平等的路径。[4] 那么，全球信息化年代的大学可以有些什么表现呢？大学校园可以承载些什么活动呢？大学校园的规划与设计又能在推动校园功能的运转与校园空间的文化象征上表现什么呢？

先举一些历史个案作为反省的参照。台湾大学前身是1928年殖民时期成立的台北帝国大学，这个殖民大学曾经是日本殖民者南方研究的重镇，展现殖民者的殖民研究角度与殖民理念的空间表征，侵略与掠夺是帝国主义殖民的特性，建构殖民工业化社会的各类型依赖关系。殖民早期台湾内部的纵贯线运输与港口，使农业资源连接殖民母国，区域空间结构再现了农业台湾、工业日本的依赖关系。这种殖民依赖的区域空间结构与1885年《柏林条约》后欧洲帝国主义者强行划分非洲的国界、发明国族国家、建构欧洲的非洲、瓜分非洲的殖民经验类似。殖民地完全没有自主性，其首要城市多为沿海城市，主要交通动脉的功能就是向殖民母国输出资源，西非就是典型。[5] 而台北帝国大学的基本任务就是充当殖民者南进南洋的研究基地，这一点由研究机构与图书收藏特色均可说明；另一方面，校园则成就为殖民大学的象征空间，朝向日出之东的巴洛克轴线终端的南方研究中心、南北两侧的古典学院布局，以及用高耸的大王椰来再现北方殖民者对南国的想象。台北帝大校园是殖民权力的表现，也是一种文化上的技术装置，遂行其殖民统治术，是殖民现代性（colonial modernity）权力驯训技术的空间建构。

还有抗日战争烽火中，随着战争造成的民族大迁移过程的数十所大学搬迁拆合经历，其中受影响最大的是南京迁重庆的国立中央大学，由西安迁汉中始终不稳定存续的国立西北联合大学，以及由国立北京大学、国立清华大学、私立南开大学组成的国立长沙临时大学，1938年4月由长沙西迁昆明，改称国立西南联合大学。

现在，西南联大已经作为一个符号，成为战争中的大学追求学院自主性与对帝国主义侵略表示不妥协的教育理想的空间表征，所谓"内树学术自由，外筑民主堡垒"。以及，西南联大

（今云南师范校址）校舍是梅贻琦校长委请梁思成、林徽音设计，因为经费无着，楼房改为平房，砖墙换成土墙，瓦屋顶也只能是铁皮与茅草。[6]西南联大简陋的校园是反法西斯战争时期民族求生存斗争与贫困条件下营造的校园。所谓"破破烂烂却精神抖擞"的西南联大，仍然必须面对战争带来的现实中大学与师生们的"苦难、尴尬、负面、遗憾、不完善"的伤害。[7]

相对于西北联大的不稳定存续状态与西南联大的经费困窘，特别是南开大学被日军炸得精光，1937年及早西迁重庆沙坪坝松林坡作为主校区的中央大学（今重庆大学校址）被称为是搬得精光，包括医学院的解剖学尸体、牧场的良种牲畜、图书馆的书籍等。虽然当时学生口中流传的话是："洋里洋气的华西坝，土里土气的古城坝，土洋结合的夏坝，艰苦朴素的沙坪坝。"但中央大学终究是国府放在手心里的大学，有特殊的政治条件，中大一校获得的经费相当于当时北京、清华、交通、浙江四校的总和，远远超过西南联大、西北联大等学校。从教授人数、学生表现等角度比较，中大是当时全国最好的大学，也是大部分学生的第一志愿。无论是学校规模、学科设置、师资阵容，均居全国之首，因为在战前，中大就已经是当时整个东亚规模最大的高等学府了。抗战胜利后当局在分配教育经费时，在北大、清华、中大之间就已经巧妙地一碗水端平，减少了中大经费的比例。某个程度上，教育经费的分配也说明了国家与高等教育的关系。整个抗战时期，大学治理上不论是采取校长制还是常委制，都经由学校行政对大学治理过度干预，抑制了大学精神，这是最大的问题所在。

至于1949年之后的情况，昔日西南联大三校中，北大、清华、南开在1952年之后更获得中央政府的政策与经费呵护，北大与清华更是拥有学术话语权与学院权力，尽管也在历次政治运动中受到伤害，但是影响力仍然是持续的；而中大，不但在1952年之后拆解，也在一定程度上被边缘化了。[8]

在重庆时的中大主校区松林坡是重庆大学东北面的小山丘，占地不足200亩，因山坡上长有稀疏松树而得名，嘉陵江由坡下绕过。战火中这所贫困的校园里最为他校学生羡慕的就是松林坡顶的图书馆，未受战火波及西迁的50万册藏书，不足一千平方米的平房，500个座位，学习资源珍贵，艰苦学习就是学习氛围，图书馆不但是校园学习活动的中心，也是抗日战争烽火中培养人才的校园象征。[9]

作为大学，一方面，必须追求学术自由与学院自主；另一方面，第三世界的大学却没有自限于封闭象牙塔的物质与制度条件，也不宜没有自觉、未经改造地移植西方的经验，尤其当今天复制与移植西方大学校园的空间形式已经成为大学招生市场的流行（号称欧式、欧洲风格）

时，我们是否要深思如何营造具有区域特色的大学与校园呢？

那么，面对中国的区域多样性（regional diversity）之独特条件，针对区域特殊性，这是一种地域性特征（locality），认识这种地域性特征而不宜将其本质化，造成认识论上的扭曲与政策上的偏差，正是前述国家政策的区域治理（regional governance）、大学自主治理、塑造校园区域特色时必要的知识基础。

在西南、西北、华南、东北等地的区域特性上，可以进一步细分其地域性，如云贵、岭南、闽南、江南、徽州……甚至，还可以联系上全球信息化年代新崛起的领域范畴，也就是珠三角、长三角、京津冀、海西等都会区域的新空间形式。对它们的研究与应用的知识，不论是自然科学的基础科学学域，地质学、植物学、动物学、生物学、生态学等与工程技术相关的应用学域，或是社会科学与人文学学域，地理学、社会学、经济学、人类学、史学……以及医学与公共卫生、规划与设计的实践领域上，从区域本身的认识到现实生活改善，学院可以有什么样的贡献呢？本文以西南云贵为例。在方法论上避免追溯国族起源神话建构的认识论预设之后，历史研究仍然可以揭开民族神秘的面纱，西南少数民族可以说是中国文明的活化石。譬如说，对苗族服饰形式的图像学研究，从河图洛书与北极星的图像学探索，苗族及其空间迁移，承续了上古文明，关系着中国早期文明的形式，甚至关系着东亚早期文明的形成。[10]这帮助我们认识自己是谁，从哪里来，又是如何建构了我们自身，我们也因此才有能力知道如何保存与传递自身文化的火种。这些研究工作不正是有区域特性的研究性大学的研究任务吗？

在认识自身区域特性的知识基础上，面对今天"一带一路"倡议拉开的面对世界的新局势，"一带一路"的英文翻译确实应该是个复数，[11]它被认为是化解美国来势汹汹、气势凶猛的亚太再平衡战略，避开南海、顺势导引、以柔克刚的太极拳式的区域政策，西北与西南的陆上丝绸之路成为主要可施力所在。[12]还有，泛亚铁路筹划近五十年终于落实，采纳中国标准轨距，中泰铁路签约，而昆明迟早将成为网络节点与高铁枢纽，那么，海上丝绸之路、陆上丝绸之路以及茶马古道的历史之路的新意义是什么？对东南亚、南亚、西亚、东北亚等地的认识不正是大学知识探求的研究潜力吗？大学是面对西南、西北、东南、东北等地的国际研究、教学、服务的节点。

由于中国西南汉族、少数民族与邻近各国族群上的相同性与历史关连性，不少接壤邻国曾经是中国的领土或藩属国，直至殖民时期才开始剧变，中国向外连接的主要变量仍然在于国际政治干预之下的地方政治。即使不提未接壤的东南亚最南端的印尼、新加坡、马来西亚、泰国、柬埔寨等国与其历史上庞大的华人移民人口，最近一些国际新闻报道也提醒全球信息化年代越界连接的重要性。譬如说，邻近接壤的缅甸，有影响力的政治人物、全国民主联盟领导人昂山素季曾公开表示未来缅甸愿意作为中印之间连接与合作的桥梁。[13]尼泊尔也要求与中国加强联系，因其颁布了新宪法引起印度不满，被实施了物资禁运。尼泊尔新任总理、尼泊尔联合共产党主席卡德加·普拉萨德·夏尔马·奥利，请求中国开放4月份大地震中关闭的北部边境，向尼泊尔供应燃油和过节物资，同时计划从中国进口约1/3所需的石油，结束基本能源完全依赖印度的历史。[14]而西藏之南的不丹，虽然是唯一没有与中国建交的邻国，元代还是中国的领土，其主要族群、语言、文化、聚落与建筑却与西藏藏族密不可分，与云南的移民也有历史的关系，虽然印度对不丹的政治干预十分直接，但其地方人民期待与中国互动的愿望仍然十分强烈。

面对网络社会之崛起，正因为国际政治干预之下的地方政治经常造成经济投资、技术支援、文化联系、社会互动上的困扰，所以，非政治的学术交流更应主动，政府对基础研究的研发投入必须提高，不仅应关注建筑物的营造，对教育、文化政策与大学学院资源的投入更应鼓励：全球信息化年代的大学角色，要鼓励跨校共同学位的开放校园氛围、降低学术层级的研究自由学风，[15]鼓励跨领域、跨论述语言的学术的交流，[16]支持科技知识异种交配（cross-fertilization），[17]甚至是科技与社会人文间知识的异花受精，重视在学术商品化与学院竞争化压力下久被忽视的学生养成与自主性学习，重建网络社会通识教育内涵，可以说是全球信息化年代里大学的重要目标。更进一步，网络社会的大学校园不能成为网络精英的养成所，不能强化社会排除效应；大学的体制反而要能吸纳异议者，若是体制不能预见与制造未来的网络脱离者，等到他们沦为已经不再沟通的网络者之后，极端主义者就会经由互联网吸引边缘群体与脆弱的群体，形构异常的连接，这时就为时已晚矣。[18]现在英、俄等国都开始责成大学致力打击与防范极端势力，严防年轻人投奔"伊斯兰国"组织，已经事半而功倍。[19]

最后，经由学院活动认识邻近周边的社会与文化，是大学研究之所长，甚至，这是认识区域与地域特征以及我们自身的机会。在过去很长的一段时间里，我国台湾这些学院的活动空间与角色，大都是受到日本政府支持，或者是经由联合国教科文组织渠道进行的与日本学院及学者之间的活动，过于封闭，不关心周边邻近区域的课题，这难道不是我们学院的疏忽吗？在前述开放政策方向之下，现在不正是大学的应用学科实践一展专业才能的机会吗？不也正是规划与设计当仁不让的时刻吗？这是规划与设计既存在于校园空间之中，又走出校园空间的机会。

至于大学校园的区域特色，西南少数民族出色的建筑传统是取之不尽的宝藏。西南少数民族分布广泛，跨境而居，不只是跨省（湘、黔、桂、川、藏），更是跨国居住，分布在越南、老挝、缅甸、泰国、柬埔寨、印度、不丹等国。然而，问题不在于发明什么原本就不存在的西南少数民族风格，甚至是一种共同风格，这种形式主义取向不会产生有生机、有活力的大学校园。

对西南少数民族的建筑与聚落的基础研究是实践的基础。举例而言，作为百越一支骆越之后逐步南迁的侗族，主要分布在黔东南、湘东南、桂北，与苗族、壮族关系密切。侗寨由处在同一聚居区的几个房族联合组成，表现出"房族一家"的社会空间组织结构。对内运用款约规范族人行为，对外组织族人共同防御，类似地方联盟。即使在当代，老人协会与村规民约仍是款约的延续。在空间的文化形式上，民居形制讲究平等与团结，民居二楼靠近火塘或堂屋较舒适的房间给老人居住，以尊重老人，分家时则房产平分，平等敬老。在侗寨中，民居高度低于鼓楼，表现房族社会团结的中心地位。团结互助的社会特征，表现在水井、井亭、风雨桥等公共空间。侗寨以各房族为单位，以鼓楼为中心，表现周边田亩河流水塘林木山水环境的领域掌握。村寨山体围合以利防御，风水桥作为隐蔽与风水的作用大于交通功能的作用。水口林、风水树、十八年杉等再现了侗族与自然共生的古老价值观。侗族种植以高秆糯稻水田为主，其他作物为辅，侗寨巧妙运用山水田林元素，建构出稻、田、渔、鸭、林一体的循环生计模式，确保长期地力，避免资源破坏。[20]侗寨经由鼓楼、风雨桥（花桥）所展现的杆栏木构技艺，就是木构造中的佼佼者，[21]值得做基础研究。

主要聚居在云南宁蒗县永宁乡与四川盐源县边界两侧，海拔2685米的内陆湖——泸沽湖的摩梭人，被云南摩梭人归为纳西族支系，又被四川摩梭人归为蒙古族支系。母系家庭是摩梭母系社会的基本社会单位，指涉同一母系亲族成员组成的二十余人的母系大家庭与其居住的房屋，母系大家庭与实质物理空间家屋是社会与空间相互重叠的双重概念。纳西族摩梭人的母系村落与家屋，也就是祖母房、花楼、草楼、经堂构成的大院子，是组成聚落的关键单位。在1982年之前，泸沽湖一直没有对外公路连通的条件，封闭且生产力低，然而母系大家庭的平等合作、共享关系却使其相较纳西族父系小家庭明显地富裕得多，成就了初民丰裕社会的母系文化，也保持了走婚与母系亲属关系。摩梭家屋的空间组织，社会活动与实质物理空间之间的美妙关系，由营造技术所支持，展现出动人的空间象征意义等，是不可或缺的基础研究。现在，大幅交通改善已经来临，旅游市场压力随之而来，游客已经上门，大部分的摩梭人也期待市场降临，她们也对摩梭母系文化有很深的认同与自豪，然而初步的破坏已经在云南管辖的落水村造成了。于是，研拟以"负责任的旅游"（responsible tourism）为策略的整合性保存计划，也是紧急与必要的专业责任。地方政府的制度支持是保存计划执行的必要条件，经由摩梭母系大家庭为基本单位与互惠的社会经济网络（reciprocal social economic networks），才有可能推动深度的摩梭文化之旅。[22]这里可以被视为是在经济全球化穿透下的最后的"香巴拉"，我们的区域性大学不但有责任承担基础研究的工作，更亟须承担专业实践的任务。

在针对众多少数民族建筑与聚落的丰富而多样的历史研究基础之上，建构出校园规划所需的校园空间形式的模型（model）与原型（prototype），[23]或者说，未来建筑设计所需的模式（patterns），[24]这就是规划与设计掌握校园空间形式的设计准则（design guidelines），[25]然后在校园环境的决策过程中引入让教职员生得以参与的规划与设计过程，有西南特色的校园就得以获致。校园环境的种子就是这些模型、原型、模式、设计准则，有了种子，提供适当的生长条件（校园环境的决策过程）让它生长，就会开出"活的"花朵。校园建筑就是校园文化的花朵。

全球信息化年代里大学校园的信息不正是虚拟校园的云端信息吗？大学校园必须拥有区域的特色，校园空间也应表现区域的地域特色，区域的研究让我们看清楚区域自身，区域性大学校园不正是一个有助于我们认识自身的异质地方建构吗？

注释

1. 本文原为在第十五届海峡两岸"大学的校园"学术研讨会上的论文。昆明理工大学主办，昆明，2015年11月4日。

2. 见：夏铸九，2015. 三城记. 香港：香港理工大学社会创新设计院。

3. "一 带 一 路 "（the Silk Road Economic Belt and the 21st-Century Maritime Silk Road，简称One Belt One Road或Belt and Road，缩写OBOR或B&R）是丝绸之路经济带和21世纪海上丝绸之路的简称。之后，有关部委下文统一将"一带一路"翻译为"Belt and Road Initiative"（BAR）或是"Land and Maritime Silk Road Initiative"而 不 再 是"One Belt & One Road Initiative"（OBOR）。对"一带一路"倡议的理解可以参考《中国国家地理》2015年10月的专辑《"一带一路"白皮书》。

4. 后文将指出过去帝国主义在殖民地的建设，因此"一带一路"的未来建设绝对不宜使用什么"雄起"这样没有反省性的措辞。参考：中国城市规划设计研究院，2015. "一带一路"空间战略研究. 04-22.

5. STUCKEY B, 1973. Moyens de transport et development africain: les pays sans acces cotier. espaces et societes, Oct. : 119-126.

6. 胡远航，宁梅，2015. 梁思成林徽音在昆明的流亡与执守. 转引自"腾讯文化"，10-04：http://cul.qq.com/a/20151004/006637.htm

7. 储朝晖，2015. 抗战烽火中的三所大学. 凤凰周刊，第26期，总第555期：86-89.

8. 见：储朝晖，2015. 抗战烽火中的三所大学. 凤凰周刊，第26期，总第555期：87.

9. 郑体思，陈云荪，2014. 抗战时期迁川的国立中央大学. 民国大学教育，04-14：http://img.memopool.cn/news/2014/04/14/5d670af7453c10fc01455fafabae009c.html

10. 阿城，2014. 洛书河图：文明的造型探源. 北京：中华书局.

11. 古丝绸之路有多条，如茶叶丝绸之路、香料丝绸之路、瓷器丝绸之路、南方丝绸之路等，英译应该用silk roads。见：王义桅，2015. "一带一路"怎么翻译？这可不是小问题. 观察者，10-04：http://www.guancha.cn/WangYiWei/2015_10_04_336447.shtml

12. 乔良，2015. 美国东移与中国西进——中美博弈下的中国大战略选择，中国为什么搞"一带一路". 西财工商EDP高级管理培训中心大型讲座讲稿，04-25.

13. 昂山素季在2015年10月7日印度今日电视台访谈节目中主动表示，未来如果民盟治理缅甸，将同时与两个邻居保持友好关系，帮助中国和印度走得更近，避免缅甸成为这两国展开竞争的场所。见：王天乐，2015. 昂山素季：习近平友好平易近人. 环球日报，10-09：2.

14. 宁林，徐珍珍，2015. 尼泊尔请中国帮助解决油荒. 环球日报，10-09：2；法新社加德满都，2015. "老左派"当选尼泊尔新总理. 10-11. 转引自：参考消息，2015-10-12：2；英国广播公司网站，2015. 尼泊尔计划进口中国石油破印度封锁. 10-16. 转引自：参考消息，2015-10-19：16. 相比于印度对尼泊尔的关系，中国一向尊重加德满都自身的选择。

15. 见：夏颖，2015. 名古屋大学校长：靠什么盛产诺奖得主. 环球日报，10-09：13.

16. 屠呦呦获得诺贝尔生理学或医学奖后，美国约翰·霍普金丝大学医学史副教授玛尔塔·汉森撰文称，屠呦呦的不同寻常之处在于表现了医学的双语主义，即，不仅能阅读两种不同的医学语言，还能理解它们各自的历史、概念差别以及目前在治疗干预方面所具备的潜在价值。简言之，这是一种跨学术论述语言的火花所造就的创新与突破。见：汉森·玛尔塔，2015. 在公布2015年诺贝尔奖后，传统医学是否会成主流？. 美国趣味科学网站，10-17. 转引自：参考消息，2015-10-20：5.

17. 见：CASTELLS M, 2000. The Rise of the Network Society. 2nd edition. Oxford: Blackwell：73. 中译本：曼威·柯司特，2000. 夏铸九，王志弘，译. 网络社会之崛起. 修订再版. 台北：唐山出版社：79.

18. 参考：CASTELLS M, 2000. The End of Millennium. Oxford: Blackwell. 中译本：曼威·柯司特，2001. 千禧年之终结. 夏铸九，等，译. 台北：唐山出版社. 以及：夏铸九，2013. 都会区域中都市传播的空间媒体与意义竞争. "城市传播"跨学科学术对话会议，传播与城市——基于中国城市的历史与现状，上海复旦大学信息与传播研究中心.

19. 法新社伦敦2015年10月18日电，俄罗斯《消息报》2015年10月19日报道：《英俄出招严防年轻人投奔IS》. 转引自：参考消息，2015-10-20：3.

20. 参考：张杰，2015. 通道侗寨的人居智慧. 北京：乡村发展专业委员会成立仪式暨首届世界乡村发展论坛报告，10-25.

21. 南京大学建筑与城市规划学院赵辰教授相告。

22. 夏铸九，2007. 四川云南泸沽湖摩梭村落与家屋的保护策略. 上海："第四届中国建筑史学国际研讨会——全球视野下的中国建筑遗产"讲稿. 中国建筑学会建筑史学分会及同济大学主办，6月15-17日；夏铸九，2007. 摩挲母系社会与家屋文化——四川泸沽湖旅游发展和村落保存计划. 台北：台湾大学建筑与城乡研究所实习课程专业报告.

23. LYNCH K, 1981. Good City Form. Cambridge, Massachusetts: The MIT Press：177.

24. ALEXANDER C, etal, 1977. A Pattern Language. New York: Oxford University Press.

25. COOPER MARCUS C, 1985. "Design Guidelines: A Bridge Between Research and Decision-Making". Paper presented at U.S.-Japan seminar on Environment-Behavior Research, Department of Psychology, University of Arizona, Tucson.

跨国借鉴

全球信息化年代的
大学教育与校园转型[1]

我国台湾高教当前面临的挑战

台湾的大学体制始于日本殖民时期，历经战后的复校风潮、政治解严、教改运动后大学改革开放、大学扩张，形成目前的高等教育规模，开始面临大学供过于求、人才失衡、学生受教权受损以及教师劳动权危机。政府在高教政策上也被迫提出一些解决方案，回应大学倒闭的危机。在我国台湾，政府高等教育政策长期主导了高等教育体制，高等教育资源分配更左右着大学的发展。面对全球信息化带来的竞争压力，教育主管部门资源分配机制造成了当前大学严重的两极化问题。另外，我国台湾高教的挑战，还需面对大学劳动权问题，甚至称是大学体制崩解的危机亦不为过。教育主管部门的大学松绑方案激发了高教崩解骨牌效应，而主管部门回应大学危机的两种做法，主要就是公立大学合并与私立大学转型发展方案，目前都碰上难以解决的执行问题，高教政策急需根本的改革。这也就是说，在官僚化、教育商品化以及少子女化的冲击下，我国台湾的高等教育被认为正迎来全面之崩解。[2]对台湾目前的高等教育体制而言，这是棘手的困局。

在全球信息经济的竞争压力下，我国台湾的经济转型与技术升级是唯一而必须的抉择，它的关键在于人才争取，这几乎是与全世界竞争人才的政策，尤其是与在1997年亚洲经济危机之后分道扬镳的东亚四个经济体的竞争，这是政府政策的直接竞争。这时，大学，尤其是研究性大学，有积极的作用。吸引外来人才进入大学，同时排除制度的人为障碍，让他们愿意并且能够留下来。

吸引外来人才到大学可以产生加乘效果：首先是学术研究方面，人才本身的直接生产力成效，将会争取到研究经费，将会为产业注入活力；其次是教学育才方面，外来人才在高教制度中会帮助训练我们优秀的学生，这就是人才的生产，而且一代传一代，生生不息。

而争取外来人才正是全球化年代许多国家和地区采取的高明策略。美国长期一直享用外来人才的红利，英国在"脱欧"之后会是高教危机所在，香港、新加坡，最近还包括韩国的大学里都有高比例的外籍教师，而且越来越多。对我国台湾这种规模的经济体，吸引外来人才，不需几年就可见成效。

而且实际上，这种人才吸引政策正是高明的台积电人力资源政策。台积电每年投资三千亿元台币用于资本支出，没有短视而粗暴地将人才视为剥削的对象，而是作为长期精明的投资，非常有效率，公司竞争力也因此不断提升，现在已成为世界级的公司。[3]今年台积电已经开始执行在南京江北区的投资设厂计划，也是着眼于南京的高教与人才资源。

但是，对于已经老态龙钟、不良于行的中国台湾行政机器，不管哪一个党派执政，期待高明政府政策的执行似乎已是缘木求鱼。所以，当前全球信息化下我国台湾高教面临严峻的挑战，大学教育与校园转型是棘手问题。

全球信息化年代的大学教育与校园转型

2016年9月20日北京大学人文社会科学研究院成立，揭牌仪式时同时举办系列学术演讲，其中一场主题演讲的嘉宾是美国芝加哥大学社会学系"Gustavus F and Ann M. Swift 杰出贡献"教授安德鲁·阿伯特（Andrew Abbott），题目是"学术作为理想和学术作为日常工作"（Scholarship as Ideal and as Daily Practice）。[4]这是他在北大大学堂顶尖学者讲学计划的五场演讲中的一场，值得借鉴。为何如此？这位执着于教育本身，[5]专长为社会分工与专业社会学、知识社会学，特别是美国版本社会学的芝加哥大学教授，在五十年以前曾是哈佛大学本科学生时，走进了费正清（John Fairbank）教授有关中国的讲座，由此第一次发现了中国历史与文化是如此不同的地平线。之后，他在20世纪90年代担任芝加哥大学的本科社会科学部长，重视通识教育与芝大的"文明课程"（civilization course）体系。他读过《红楼梦》等六大古典小说，在美国社会学学报上先后回顾过陈达、瞿同祖、费孝通三位中国社会学者的学术生涯，此次东来随身带着《史记》。此次初来中国，阿伯特确实是有意在北大文研院成立时贡献他在芝大的经验，所以他的演讲是特别用心的。本文认为这是及时的借鉴，不只对北大文研院的定位与发展有益，我们还可以用不同的阅读方式整理出一些观点，避开芝大的教训与其认识上的缺失，将这次会议的主题，适时地作为全球信息化年代大学教育与校园转型的跨国借鉴，这也是新常态下大学教育与校园规划的反思起点。

大学与学派的历史根源

首先，我们仍然需要成为好大学，有大师的大学，有原创性思想的学者的大学。此时钱学森之问，更显突出。[6]长时间聚集有原创性思想的学者，则成就学派（school）[7]，安德鲁·阿伯特所提的芝加哥大学是为一例。学院的校园是学派历史空间的表现，西方传统里古希腊市民闲暇时学习与辩论的讲学园地，是谓学园，如柏拉图学园；在中世纪经院哲学博学之士活动场所的基础上诞生了学院与大学。中国历史上春秋战国九流十家，百花齐放，也是学派，至于书院就是博学学者传道、授业、解惑之地。学派有其师承性、地域性、思想性（哲学、认识论、理论取向）的差异，其影响的关键力量仍在于后者，在当代尤然。公元2世纪到12世纪，印度巴特那以南90公里的纳兰达（Nalanda），其名字面含义为莲花盛开之地，它作为佛教学习的中心与佛陀讲经的地方，也是世界最老的大学之一，惜今只余考古遗址。

不可放弃的大学理想——研究与教学的双重性

面对当前全球信息化年代知识经济与科技的竞争日益剧烈，分工压力与学院专业化日益严重，表面化的大学排名与论文计算则扭曲了大学的角色，甚至，剧烈竞争导致偏重研究，竟然使得大学与教师疏忽、遗忘了教学育才的教学角色。在这个趋势下，安德鲁·阿伯特由学术工作长远的学者心中的理想，与学术工作的短期的日常的形式两者的关系，思考学术研究和教学（育才）这两者之双重性，反思芝大特色的体制与空间。[8]大学理想是不可轻易让渡与放弃的。

学术结构的长期角度——学派形成

阿伯特指出芝大特有的学术结构，第一个创举是其学部制度（divisional form）。[9]芝大社会科学的长盛和所谓"芝加哥学派"的成长密切相关，他指涉的芝加哥学派主要是经济学、社会学，部分是政治学、人类学。由长时间的角度看，首先，对学术工作的长期理想表现在研究上；其次，学术工作也表现在育才上，长时间、持续地依靠博士毕业生的表现；第三，长期执着、聚集有学术理想的学者。当然，财力雄厚不可或缺。另外，大学出版机构也以期刊或专书出版，提升学术威望。

学术结构的日常短期角度——活的校园

「学部的研究楼——混合使用的空间与都市性建构」

1929年秋天，芝大在成立社会科学学部的同时，建起了社会科学研究楼（social science research building）。由短时间的日常工作看，跨越院系分工，五层高的社会科学研究楼，使芝大学者在日常工作上无法回避跨学科的互动，突破了象牙塔的封闭特性。在空间的安排上，跨过既有系的行政划分，有的按照学术上的研究方法，以学者们的共同语言安排研究空间，譬如说，将统计学与量化取向的研究者集中在同一楼层，鼓励彼此互动。而更有特色的是完全相反的空间安排，让曾任社会学助手的经济史学者、通史学者以及经济思想学者，居于同一楼层。由1920年到1970年，整个五十年之间，历史学、政治学、社会学、人类学、经济学等不同系的资深教授几乎全在这栋楼之内，除少数时段外，尽可能不造成超过一半的办公室是仅仅被某单一院系的教师使用。社科大楼里的茶歇室（tea room）提供咖啡和茶点。跨学科社会交往是学者日常工作不能回避的一部分，这就是在楼里工作的学者的生活。于是，他们喝着劣质的红茶，吃着发腻的甜点，高声争论，社会学、经济学和人类学都诞生在这座楼里。但是对于博士研究生而言，这座楼真是充满了吸引力，是有魅力的地方。[10]这是混合使用的空间，再现的是功能重叠、混合使用、聚集碰面、辩论质疑，这是都市特性的空间再现。相较之下，阿伯特在哈佛读本科时那座高大、有着严密的学科分工、有效切割的威廉·詹姆斯楼（William James building），正是无聊、干枯的现代主义功能划分的树状结构的理性空间再现。当然，它至少还不是我们习见的现代校园规划理念中孤立、单栋、分工明确、以院系行政划分的楼馆。

「与图书馆比邻——营造学习的中心」

还有，必须加上社会科学研究楼中五至九本学术期刊的编辑室。以及，不可忽略的是它与图书馆比邻而建，也就是1910年建的芝大哈珀纪念图书馆（Harper Memorial Library）。1890年建校的芝加哥大学校园中心区主要由六个合院组成，合院由建筑物围合成中庭，建筑师亨利·柯伯（Henry Ives Cobb）负责规划，其他几位建筑师分别负责建筑设计，他们以牛津大学与剑桥大学校园的维多利亚哥特复兴与学院式哥特复兴的设计模型与营造模式作为模板，薛普立、罗腾与柯立芝设计的（Shepley, Rutan & Coolidge）哈珀纪念图书馆则位于中心位置。对社会科学院系与人文学院系而言，图书馆的社科读书室和人文阅读室就在社科楼的三楼旁边，教师和学生根本不用出自己院系的楼门，从楼内就能走到图书馆去读书，图书馆就是校园学习的中心，图书馆是校园精神的再现空间。到了1969年芝大兴建的新的中心图书馆，虽然和社科楼仅有两个街区的距离，但是，在前述的图书馆使用传统下，这个庞大的中心图书馆建立了大约240个教师研究办公室，为的就是确保教师可以很直接地把所需的馆藏资料拿到手边工作。与芝大哈珀图书馆相互对照，1914年哈佛校园里建的怀德纳图书馆（Widener Library）则将院系图书集中在一处，然后将这个大图书馆与院系日常短期活动截然分开，引领了全美国大学校园规划与图书馆的不同走向。

当然，进入了网络社会，大学图书馆必须转变为信息与知识流动网络中的节点，纳入电子交换的回路与全球网络，即，方便师生使用的虚拟网上图书馆。信息化转身之后的图书馆空间可以创造特殊的氛围，主动吸引校园使用者，像是教师与研究生自身书房一般的研究小间、小组讨论空间、小会议室、小研讨室等，加上稳定的无线上网与收费的打印设备，变成舒适的有助于学习的真实空间。图书馆必须转化，持续往前摸索，才有可能成为学习、研究以及小规模教学的天堂。[11]

跨学科的研究与教学——通识核心课与世界文明课

「通识核心课程——跨学科的意义，研究与育才」

对阿伯特而言，他的主题演讲最关心的课题仍然是跨学科的研究与教学，他认为北大文研院这样的机构之主要定位就是突破学院象牙塔的学术专业自足性格，那是学者封闭的权力领地。在芝大的学术结构中，通识的核心课和文明课体系，是推动芝大跨学科研究的两个引擎。

首先，芝大的本科生核心课程（common core）从1930年至今，名称虽经几次改变，但是作为通识教育（general education）的一部分是不变的。总之，它不是专业学术教育的需要，主要是来自各院系教授的演讲课（lecture），辅以小型的讨论课（seminar）。绝大部分内容是阅读经典著作，包括马克思、韦伯、涂尔干、弗洛伊德、卢梭、黑格尔等的哲学性思考，也就是学习比专业与学术研究更根本的道理。博雅、经典与专业、有用的教育之间的斗争是一直存在的，这是不容易克服的工作。与人们的表面印象相反，这一体系并非"阅读经典"（reading great books）的体系，将理论作为典范对待，而是从内容出发，联系现实的知识。阿伯特在北大另外一场演讲中一再引用约翰·杜威（John Dewey）的话，"理念"（ideas）是不能被传授的，因为无论如何，学生是从把"理念"当成事实开始去理解"理念"的。[12]这就像杜威的名言："教育的目的应是教我们如何思考，而不是应该思考什么；教育应是改善我们的心智，好让我们能为自己思考，而不是将他人的想法装在我们的记忆里。"同时，阿伯特强调教学也应当是一种社会性的活动：学生和老师之间的社会关系在每一个课堂当中都不相同，而课程的安排则是寄望于学生最终会遇到一位与自己"相合"的老师。[13]这种真实的社会交往与互动，不是网络版的在线教学可以替代的。至于针对博士研究的育才，指导教授与博士生之间的交往互动，更是难以由网络的互动替代。

进一步，通识核心课在教育方面的巨大成功，也给学者带来了学术上的激励。人类学和区域研究学者从核心课程中收获巨大，芝大人类学的课程体系很大程度上就是本科核心课的继续。[14]因此，在某个程度上，我愿意加上理查·桑内特（Richard Sennett）。桑内特出生在芝加哥都市更新（urban renewal）与公屋恶名昭彰的卡宾泥绿地（Cabrini-Green）地区，1964年获芝大杰出本科学士学位，毕业后转去哈佛，在1969年获得博士学位，受《寂寞群众》（*The Lonely Crowd: A Study of the Changing American Character*）作者大卫·雷斯曼（David Riesman）影响至深。他的著作以一系列独特的历史写作与叙事方式，如《眼睛的良知》（*The Conscience of the Eye*, 1991）、《肉体与石头》（*Flesh and Stone*, 1994）等，提供了社会学与史学角度的干预，占领了浮现中的都市史的草皮与领域。[15]

阿伯特指出，从核心课教育中获得最大学术动力的或许不是最执着于核心课教育的学者，而是那些在博士生阶段就加入本科生教学的年轻学者。是这些未来的学者用核心课的教育拓展了自己的研究，而且在日后他们毕业之后，将芝大的教育传统带到了其他大学，传到了下一代的学者当中。[16]这些成果在20世纪初表现达到颠峰。而教育，终究是育人的事业。

「通识核心课与专业性的知识生产间的张力与矛盾」

由长时间的角度来看，通识核心课与专业性的知识生产的张力是很明显的。阿伯特的反思指出了更大的矛盾：关于社会学和经济学的芝加哥学派的形成，竟然都是从那些最不热衷于核心课教育的学者手中产生的。

「人类文明体系课程的意义——跨学科的意义与学习的空间」

自20世纪50年代中期开始，芝大创建了"文明课程"体系（civilization course）。显而易见，包括欧美、印度和中国的文明课程，这种核心课在很大程度上让那些永恒的人类文明的核心问题不断地在社科学者的思考中出现，尤其在今天全球信息化年代，其对于中国本身的跨学科研究与教学，都有更迫切与更重大的意义。

由芝大的经验来看，学术学派中最出色的学术领袖，是那些能将重要的学术成就和非凡的指导学生成长的能力结合在一起的好学者。即使这样的学者寥若晨星，即使避免环境决定论的预设，学校仍有责任提供那些对学者的短期日常工作有明显影响的空间条件，比如社科楼在芝大的作用，鼓励一个学科去培养那些能够将学者与导师的素质这二者的双重性合而为一的学术领袖。总之，最成功的制度和机构设置，是那些将学科与学科拉近的设置。学校要能对安于现状、封闭、自以为是的学科给予压力，不让它们过于孤立，以政策诱使它们合作、互动，同时又能真正给予它们支持的空间。

这些跨学科的制度和空间都不求其大，学科的营造最终不能忽视学者的日常工作状态，要把学者们喝咖啡和吃甜点的状态放在心里，因为正是教学和研究中的短期日常状态带来了最长久的学术成功。古典大学知识贵族的学院制院落的记忆宝库中，空间的秩序在于结合了社会性的空间与实质物理空间，住宿、研讨室、图书馆、餐厅、办公室等聚集在一起，围合成学院的院落，这是一个学院生活的空间，也是一个大的学习团体，更是一种成熟的校园规划经验。但是，全球信息化下它似乎已变成永不复返的乡愁了。教室空间的原型不正是学园里大树下，智者、佛陀讲道？研讨空间的原型不正是讨论空间中心的众人围坐的大桌子吗？还有，有些讨论、社会互动会出乎预期地发生在短期日常学术工作的非正式碰面的地方，如茶歇室，也可能是日常午餐桌旁，教师餐桌也可以是学习共同体吃喝的地方，甚至是校园建筑物的缘侧（enga-wa），它们的存在有赖于校园的文化与生活。混合使用、活的校园，又是城市中的网络与节点，这样的角落散发着魅力，使校园充满吸引力。这些地方的空间与流动空间的关系需要重建，尤其，网络社会对于学科的挑战正在于跨学科研究的新意义，期待知识上的异花受精，重建学习平台，再现网络化的节点，而不是伟大的英雄表现的建筑纪念性形式上。

说话与发言对于学院与学派建构确实关系重大。由亲身的经历说明，即使就芝大的教授晋升问题，张五常说："不需要有头衔，也不需要有文章，但是不可以一句话也不说。当时的芝大经济系是全球最强的，学术职位升到顶级的起码要求，只是说过一些有足够斤两的话。"[17]相较于芝大在19世纪末哈珀校长创校，历史系的讲座教授何炳棣则说，20世纪60年代的芝大是其第二个黄金时代。这个黄金时代的芝大，学校高层领导积极充实图书资料，胸襟广大，有魄力争取聘任最优秀的教研师资，[18]支持学术研讨会、论文撰写以及评论发表，投入充足经费，学术中心的酒吧间、胜过教员俱乐部（faculty club）的美好膳食，当然，精心设计课程与投入教学，总能吸引杰出的博士生，校园与大学是一个十分特殊的地方与社团，种种不寻常的同侪交流和良性压力，在研究上一再突破，更上层楼。必须着重指出的是要有能发现千里马的伯乐，譬如当时芝大社会思想委员会的社会学家菲利普·豪塞（Philip Hauser），跨越学科藩篱，赏识与发现了政治哲学家汉娜·阿伦特（Hannah Arendt）、1976年诺贝尔文学奖得主索尔·贝娄（Saul Bellow），以及中国历史学者何炳棣。争辩仍然是常事，却能跨学域边界而合作。所有这些引发了黄金年代的大学及校园学术与精神的环境的形成，即，创新氛围（milieux of innovation）的营造。然而，破坏却是容易的。首先第一流的大学校长必须是第一流的学者，他必须是伯乐。若否，有行政野心的教员占据了权力的位置，大学的黄金时代就结束了。[19]

「学派成功与内在矛盾」

更重要的是，阿伯特强调学派的成功一定得建立在不间断地思考与"人类文明有关的大问题"的基础上。在这一点上，社会学和经济学其实是存在冲突的，而并非如阿伯特所言是完全一致的。阿伯特执着于大学与学派学术研究与教学育人的双重性，然而忽视了大学的社会服务角色，这一点，至少是对芝加哥学派的社会学与社会学论述而言，是值得反思的空白处。另外，我们需要更进一步思考芝加科学派存在的内在根本矛盾。

前述哲学思想与理论取向在学派中的作用，其认识论与本体论上的差异，影响了研究的疑旨（problematic）。对阿伯特而言，教育是探求新意义的习惯，最富人文关怀的平台，有助于个人成就自我，找寻明悟之光，以照亮内心教育的光芒。[20]若是执着此问，由阿伯特提出的长远的角度审视，芝加哥学派的经济学长远影响与芝加哥学派社会学似乎是存有认识论上的内在矛盾的。它们之间对根本问题的发问，芝加哥学派的社会学与经济学之间的辩难，在社科楼茶歇空间里的质疑与辩难，确实是有可能产生火花的。举例而言，受芝加哥学派社会学，特别是罗伯特·帕克（Robert Park）影响甚深，另外也受工会与天主教影响的20世纪30年代芝大学生索尔·阿林斯基（Saul Alinsky）曾推动社会运动。他称自己为激进的（Radical），意味着回到根本。依照阿林斯基模型的原则，美国的资本主义体系基本无误，美国社会的问题只在于财富之分配，是穷人与富人间之矛盾。而阿林斯基反对族群的矛盾，因此在其生前的20世纪60年代美国社会，其主张收效甚微；反而是在他去世之后，阿林斯基模型对20世纪70年代的美国社区运动产生了重大影响。若前面提出的社会学与经济学两学派间的认识论问题为否，两个芝加哥学派之间并没有根本的认识论鸿沟，而仅是对话辩难方式的差异的话，对社会学而言，当社会变动时，更严重的认识论质疑终究会来自美国之外。20世纪60年代美国社会的都市冲突已经使芝加科学派的社会学无能为力，无能面对他们的论述字典中没有的字眼与范畴，就是认识资本活动本身的性质与资本主义社会关系之间的矛盾。这是新的典范转移的时势，也是芝加哥学派社会学转型第二代的时刻，或者说，这就是20世纪70年代芝加科学派社会学开始失去知识魅力与实践指导性的时刻。[21]

作为一个最富裕的、核心的发达资本主义国家，美国对芝加哥学派的经济学质疑来得更晚，然而却正在发生。2008年经济危机发生时，美国的社会两极化造成收入不平等、财富流入顶层的1%的残酷现实，迎面而来的是冷冰冰的社会关系，这不仅仅使得英国女王向经济学者提问，[22]甚至连美国社会与媒体也已经开始质疑，为何美国的经济学家从不专注财富不平等的问题？其原因之一，就是芝加哥学派的深度影响。这些问题从来不是芝加哥学派经济学思考的问题，虽然芝加哥学派的社会学会关心此问。芝加哥学派的经济学者是强烈的自由爱好者，所研究的问题关注的是如何促进竞争、经济增长以及自由市场的利益。[23]当前全球经济与科技创造的这个只有技术官僚/金融/管理精英才能成功的世界，经济学学派与学术发表不过是论述的领地与知识权力的展现而已。在美国，从2008年金融危机之后直到2016年总统大选，资本主义在社会关系上暴露了社会不平等，阶级关系赤裸裸地呈现出来。与欧洲相比较，阶级在欧洲并非禁忌，为何在美国这样一个梦想摆脱欧洲刻板阶级框架的国家，阶级的课题却是严重的学院论述禁忌？阶级从经济学科中消失，眼光局限在市场的研究，市场就等于经济学。至于阶级，是从不进入芝加哥学派经济学研究疑旨的禁忌。[24]

至于芝加哥学派对纳入世界经济之后中国经济学者的巨大影响，有"穷人的经济学家"称呼的诺贝尔经济学奖得主阿马蒂亚·森（Amartya Sen）可以作为一种对照。在认识论上，阿马蒂亚·森主张经济学与伦理学的结合，冰冷的市场规律与人文关怀的实践可以相结合，比较接近我们文化里对于经世济民的期待。"经济发展就其本质而言，在于自由的增进"，现代经济学狭隘理解了亚当·斯密（Adam Smith）人类行为由"看不见的手"主宰的话语，知识形构上的分裂成为自身理论的缺陷。[25]

相较于昔日，对1975年米尔顿·弗里德曼（Milton Friedman）领导"芝加哥小子们"（Chicago Boys）协助智利奥古斯都·皮诺切（Augusto Pinochet）独裁政权（1973年在美国支持下通过军事政变取得政权）的批评，现在的芝加哥学派经济学才真正开始面临危机。学派与学院的存在并不真的是与社会变动孤立无关的象牙之塔。在最后，我们可以挪用马克斯·韦伯（Marx Weber）说过的话，来描述全球信息化资本主义带来一波密过一波的经济危机中的芝加哥学派经济学，作为由学术颠峰顾盼自雄中一举跌落，貌似罹患老年痴呆的赞词："在这种文化发展的最后阶段，也许真的可以说，专家没有灵魂，纵欲者没有心肝，空洞无效却幻想着已经达到前所未有的文明境界。"[26]

注释

1. 本文最早发表于第十六届海峡两岸"大学的校园"学术研讨会,成都,西南交通大学建筑与设计学院,学术报告厅,2016年10月13日。

2. 关于当前我国台湾高教政策的困局,参考:戴伯芬,2015. 大学转型——殖民主义、威权主义到学术官僚主义/戴伯芬,等,2015. 高教崩坏:市场化、官僚化与少子女化的危机. 台北:群学出版有限公司.

3. 参考:周行一,2016. 台积电的三千亿能"买"多少人才. 联合报,09-06:A19.

4. 安德鲁·阿伯特,《学术作为理想和学术作为日常工作》,北京大学人文社会科学研究院揭牌仪式暨系列学术演讲,北京,北京大学英杰交流中心月光厅,2016年9月20日。

5. 安德鲁·阿伯特教授在芝加哥大学开学典礼上致辞,原题为"教育禅学"(The Zen of Education),就曾经强调:教育除了其自身之外,没有任何目的;教育是一种探求新意义的习惯,最富人文关怀的平台,有助于个人成就自我,找寻开悟之光,以照亮内心教育的光芒。http://magazine.uchicago.edu/0310/features/zen.shtml

6. 2005年温家宝总理看望钱学森时,钱学森曾问道:"为什么我们的学校总是培养不出杰出人才?"

7. "学派"一词的英文为"school"(与英文"学校"同音异义),德文为"Schule",法文为"école",皆源于希腊文"skhole"一词。参见百度百科"学派"词条。

8. 这也就是芝加哥大学第一任校长,号称神童的耶鲁毕业教育学者威廉·哈珀(William Harper)受到洪堡精神影响,结合德国研究大学与美国的博雅人文学院,研教合一的传统。

9. 这是芝大第五任校长罗伯特·哈钦斯(Robert Maynard Hutchins)为了防止学术课程和专业课程过份分化而实施的"芝加哥计划",也对其他美国大学的本科通识教育产生了巨大影响,虽然那个时候学科专业的分化并没有那么深。芝大的本科(undergraduate college)教育提供50个主修专业和28个辅修专业的理学学士和文学学士,学制四年,大致分为自然科学、生命科学、人文科学、社会科学和新大学学院(交叉学科)五个方向;而研究生院(Graduate Schools)分为数理、生物、人文、社会科学四个学部(divisions)。

10. 安德鲁·阿伯特,《学术作为理想和学术作为日常工作》。

11. 参考:夏铸九,《网络社会的大学节点——作为异质地方的大学图书馆》,第六届海峡两岸"大学的校园"学术研讨会发言稿。广州,华南理工大学建筑学院主办,2006年10月30-31日。

12. 转引自:安德鲁·阿伯特北大演讲:"理念"是不能被传授的. 澎湃新闻网,2016-09-16.

13. 同上。

14. 安德鲁·阿伯特北京大学人文社会科学研究院揭牌仪式暨系

15. 列学术演讲:《学术作为理想和学术作为日常工作》。

15. 严格学术意义与理论方法上的理查·桑内特与其著作,都不能算是芝加哥学派的社会学家,何况他接触大卫·雷斯曼时,雷斯曼已经离开芝大而是哈佛的教授了。

16. 安德鲁·阿伯特,《学术作为理想和学术作为日常工作》。

17. 张五常,2015. 科学与文化:论融会中西的大学制度. 北京:中信出版社:26.

18. 这也是卓越的芝大校长对创校时最重要的捐献者约翰·洛克菲勒(John Rockfeller)昔年名言——"The best men must be had"(最佳学人必须获得)——的回应。这句名言既体现了洛克菲勒的气魄,也是哈佛校长智慧的结晶。见:何炳棣,2012. 读史阅世六十年. 北京:中华书局:315.

19. 何炳棣,2012. 读史阅世六十年. 北京:中华书局:319,330-364,381-382.

20. 出自安德鲁·阿伯特2016年在芝加哥大学开学典礼上的致辞《教育禅学》(The Zen of Education)。

21. 参见:PICKVANC C G,1976. Urban Sociology: Critical Essays. New York: At. Martin's Press.

22. 白云先生. 经济学为什么治不好经济危机. 微信公众号"至道学宫",2016-10-05.

23. SEMUELS A. Why So Few American Economists Are Studying Inequality. 2016-09-13. https://www.theatlantic.com/business/archive/2016/09/why-so-few-american-economists-are-studying-inequality/499253/

24. 与芝加学派的经济学相对照,前面提过的社会学与人文学者理查·桑内特倒是很早就关心阶级与劳动的议题,比如在The Hidden Injuries of Class 一书(SENNETT R, COBB J, 1972. New York: Knopf)中对波士顿工人阶层意识的研究。当然,前文也已经提及,在严格意义上,桑内特不宜列入芝加哥学派。

25. 阿马蒂亚·森,2007. 惯于争鸣的印度人:印度人的历史、文化与身份论集. 刘建,译. 上海:三联三联书店:10.

26. 这是昔日以认识论干预推动了典范转移,埋葬了芝加哥学派的都市社会学,拉开了新都市社会学,或者说,政治经济学取向的都市社会学序幕的曼纽尔·卡斯特尔(Manuel Castells)分析全球信息化资本主义崛起时的信息主义精神,引用韦伯对工业资本主义说过的话。见:WEBER M, 1958. The Protestant Ethic and the Spirit of Capitalism. Talcott parsons trans. New York: Charles Scribner (first published 1904-5). 引用自:CASTELLS M, 2000. The Rise of the Network Society. 2nd edition. Oxford: Blackwell: 215. (曼威·柯司特,2000. 夏铸九、王志弘,译. 网络社会之崛起. 修订再版. 台北:唐山出版社:223-224.)

大学校园未来的挑战
全球信息化年代的大学校园趋势[1]

全球化下越界的大学与大学校园

　　首先，全球信息化年代里大学与大学校园趋势中最值得注意的就是全球化所表现的越界的学院之营造。为应对英国"脱欧"政策，以求能继续获得欧盟对高等教育的资金支持，牛津大学打破700年的传统，与英国沃里克大学一样进入国际巴黎校区，成立牛津巴黎校区，提供学位课程与研究项目，保持越界互联互通，维持它的顶级大学地位，真正实现向全球开放的国际性大学的教育目标。[2] 巴黎新校区的营造将于2018年开始执行，牛津大学校园长期以来是全世界大学校园向往、学习、移植的对象，国际巴黎校区牛津校园的空间形式值得期待。

而2016年初，《福建省教育对外开放"十三五"发展规划》已经提出成立"新海丝大学联盟"，推动厦门大学马来西亚分校建设，推动华侨大学在东南亚国家设立校区或开展合作办学，推动集美大学在美国设立分校，鼓励省内高校和有条件的职业院校单独或联合赴海外办学。这也就是说，依托福建省内高校，成立"新海上丝绸之路大学联盟"，打造覆盖海上丝绸之路沿线国家和地区的高等教育国际合作与交流平台，推动校际间人才培养、科学研究、文化沟通等领域的交流合作，服务国家"一带一路"倡议。[3] 可以想象"新海丝大学联盟"海外校园规划的远景，以及它在任务落实过程中对规划与设计专业的要求与挑战。由于厦门大学朱崇实校长的远见，2016年在吉隆坡机场附近的厦大马来西亚校区已经开始招收学生，校园已经开始使用。对长期深受族群不平等制度限制的马来西亚华人而言，厦大马来西亚校区是他们殷切的期待；对厦大而言，即使马国政府对于华人入学名额限定为40%上限，马来西亚校区的计划与执行却是对陈嘉庚一百年前教育兴学的反馈，因此，以"群贤下南洋""山水厦大情""再现嘉庚精神""跨文化的回应"作为四大设计理念的厦大马来西亚校区与校园规划，规划与设计的核心在于树人。[4]

至于浙江省，政策灵活，永远走在前面。2004年已创建，2005年教育部正式批准引进宁波诺丁汉大学（The University of Nottingham Ningbo China）。这个中外合作大学由英国诺丁汉大学与浙江万里学院合作创办，由前英国诺丁汉大学校长、中国科学院院士杨福家教授担任校长，陆明彦教授（Chris Rudd）担任执行校长。[5] 可以说是在宁波诺丁汉大学经验的基础上，浙江大学更进一步，浙江大学国际联合学院（海宁国际校区）在2016年9月开学，浙江大学爱丁堡大学联合学院、浙江大学伊利诺伊大学厄巴纳-香槟校区联合学院的国内学生和浙江大学中国学中心的国际留学生入驻了海宁新校区。[6] 我们已经可以看到在浙江海宁市的国际校区第一期校园与校园规划，可能由于浙江大学与爱丁堡大学联合学院的原因，教学楼、文理大楼、图书馆内部的圆形穹顶、钟塔、学院，都有意识地表现出英国学院空间的文化形式。经由红墙、钟楼、学院、回廊，加上一些活动设施，如校医院、体育馆、学生中心、中西美食食堂以及独立的学生居住空间，结合国际校区教育上的合作伙伴培养方案、课程体系、教学资源、教学设施、小班化的教学方式、开放讨论的课堂等等，展现出国际学院的大学与大学校园特色。最值得指出的是国际学院采用学院制模式。学院是实质物理空间与社会性空间相结合的古典大学校园成熟的空间模式（patterns），每个学生拥有独立的住宿空间，自习、研讨、就餐、休闲与交流，资深导师、学业导师、生活导师等一同居住的地方。浙大海宁国际校区的校园值得进一步进行用后评估（POE），总结构想在现实中实际执行的经验，空间模式与学院教育移植与调适过程，作为越界的大学与大学校园积累分析性的知识与专业的技能。

信息化与网络化下的大学校园与校园建筑

其次，全球信息化年代的大学与大学校园，要面对信息技术在信息化与网络化要求方面的分析性知识与专业技能的挑战，这也就是所谓智慧校园与智能建筑（IB）的追求。当大学校园与校园建筑开始在线，高速上网，使用电邮、电子社交媒体，没有屏蔽无须翻墙，面对从线上到线下的整合要求（Online to Offline），由于大学与校园作为一个具有历史的、人文的高等教育学习机构的特殊性，它的特殊使用群体对开放性、社会性，从教学到研发对创新氛围（milieux of innovation）的要求，我们可以期待产生不同的智慧校园与智能建筑吧？

在现代建筑的系统设计经验，空间使用、结构系统、机电系统（水电暖）整合的工业社会标准的基础之上，20世纪80年代后浮现的智能建筑是高科技的结晶。计算机技术、控制技术、通信技术、图像显示技术（CRT）共同构成了技术性基础。建筑物的智能化意味着对环境与功能（如温度、湿度、光线等）的变化具有感知能力，然后要具有传递、处理、监控感知信息的能力，之后还要有对消费端信息进行分析、综合、判断的能力，最后要有做出决定、发出指令的能力，比如消防。因此，它不但在现代企业办公的摩天楼与高端制造业的工厂上具有巨大的市场潜力，而且特别针对具规模的媒体总部、政府与军队的指挥中心、通信与运输的枢纽等建筑物类型，在网络、安全、环境等工程系统设计上，追求配套功能齐全与管理高效率。[7]然而，正因为这种对技术系统的价值追求，智能建筑必须在其开端，就建构为一个开放的有适应能力的体系，适合技术上的升级换代，能改进并接纳新的元素，而不是一个完成了的封闭而僵硬的终点。

对大学、大学校园、校园建筑的教学空间而言，一般通识或是大班课程教学可以网络化。学生互动、提供阅读材料、作业缴交等，电邮与社交网络确实可以提供不少方便，另外还有云打印设备、大屏投影设施等。个人计算机替代了绘图桌，确实可以改变专业训练的设计与规划工作坊空间的设施部分。然而，有个性的个人工作角落，工作坊中师生间、学生间社会互动较复杂的学习空间,以及,围坐大桌子的小班研讨课或是论文讨论课,也仍然要有能让师生面对面互动的具中心性的空间,才能确保学习的质量。

对使用者有感知的基于大数据、云计算的神经系统是对智慧校园与智能建筑的进一步要求,收集与辨认的信息在一开始就要包含使用者生活空间的经验,譬如说,结合环境心理学的行为—场所(behavior settings)进行空间数据模型的建构。本文要求信息通信技术要能服从社会性空间,一如过去工业社会的建筑物,结构技术必须服从社会性空间(structure follows social spaces),才可能生产出友善的、温暖的、舒服的、对人体与记忆有回应的宜居建筑。

尤其当智能建筑的尺度放大到新加坡的智能花园与日本的海上智能城市的想象时,坦白说,我们不能再继续教授包豪斯学院的基本设计教育了,身体与记忆是建筑及规划过程中知觉并体现空间不可或缺的角度;必须放弃二元对立的客体、启蒙主义理性、笛卡尔主义抽象而绝对的空间;这是现代建筑与规划的认识论根源,朝向不同的认识论与哲学取向。校园与建筑必须具备生命力,必须是活的,而不是机器,而现代建筑的隐喻就是机器。建筑师,尤其是绕着地球追逐项目的偶像建筑师们,他们的专业习惯是目中无人,委托项目的业主并非日后的使用者,建筑师经常是问题的制造者而非解决者,空间使用的消费者们已经受够了。

在前述行为—场所空间数据模型建构的基础上,智能建筑收集与辨认的信息必须在空间生产过程的开端与人结合、与活动整合、与社会结合,落实到支持营造类型(building typologies)、设计原型(design prototypes)、空间模式(spatial patterns),这是空间再现(representations of space)的设计措辞(design rhetoric),尤其是在维基解密公布大量文件,称其揭露了美国中央情报局(CIA)侵入智能手机、互联网连接的电视机和其他设备的方法,CIA正在监控全球智能设备的今天。[8]信息社会的智慧校园与智能建筑绝对不能是米歇尔·福柯(Michel Foucault)指出的无所不在的受老大哥监控的圆形监狱。这也就是对所谓全球信息化年代里智慧大学校园与智能校园建筑的期待吧。

注释

1 本文原为在第十七、十八届海峡两岸"大学的校园"学术研讨会"会前会"上的发言稿，南京大学鼓楼校区建筑与城市规划学院(一层南雍讲堂)，南京大学建筑与城市规划学院主办，2017年3月4日。修改后收入本书。

2 约克·哈里，2017.牛津大学将打破700年传统，在国外开设校区．每日电讯报，02-19.转引自：参考消息，2017-02-23：12.

3 福建将成立新海丝大学联盟 服务"一带一路"倡议.2016-01-06. http://big5.xinhuanet.com/gate/big5/www.fj.xinhuanet.com/zhengqing/2016-01/06/c_1117687170.htm

4 在第十七、十八届海峡两岸"大学的校园"学术研讨会"会前会"上，由厦门大学建筑与土木工程学院王绍森院长告知。厦大副校长邬大光亦曾表示："我们会像当年的陈嘉庚那样，绝对不会以利益为目的，而是为了传播中华文化。"见：镶嵌在"一带一路"上的明珠. 2017-02-25. http://www.chinadaily.com.cn/micro-reading/2016/09/27/content_26907854.htm

5 见宁波诺丁汉大学官网。

6 浙大海宁国际校区9月即将开学，大量风景美图流出．微信公众号"海宁在线". 2016-08-10.

7 陕西邦奇智能节能科技，2014.智能建筑(第一章).百度文库，2014-04-10. http://wenku.baidu.com/link?url=gkhwTY0jMdixn_8a2Bj0YmOpW1sXUSYOV3aHcee3IK-0CyQSCNS8Io_3cJzpWlIIHMXR1GYPbGZWpHAK8diSGS_PPMsxQSgqZAbc-BpuzG2K

8 WATERS R. WikiLeaks claims to unveil CIA code that cracks phones and encrypted apps. FTChinese.com. 2017-03-08. 作者 Richard Waters 在文中称："CIA 的网络间谍行动昨日陷入严重泄密风险，此前维基解密发表了大量文件，称这些文件详细介绍了这家美国情报机构侵入智能手机、互联网连接的电视机和其他设备的方法。这些文件据称揭露了 CIA 所用的多种恶意软件，其目的是破解当今使用最广泛的一些技术，包括在谷歌 Android 操作系统和苹果 iOS 上运行的手机和平板电脑。维基解密声称，通过以这种方式控制智能手机，CIA 能够绕过加密的消息传递服务(如 WhatsApp、Telegram 和 Signal)内置的保护；随着许多用户寻求更强的隐私保护手段，此类服务近来人气上升。"

东海大学校园
与建筑

　　本文旨在说明东海大学校园的前世、今生及明日。东海大学校园与建筑可谓第二次世界大战后美利坚盛世（Pax Americana）"现代建筑"移植于华人世界的最高表现。这是美利坚盛世与强权所维持的"世界和平"与政治秩序下，现代建筑在东亚移植的中国台湾版本，既如昨日星辰，又像空间的文化花朵，展现出大学校园的东方想象，也被南京大学建筑学院的赵辰教授称为是最后的教会大学校园与建筑，美国在华基督教大学的"终结者"。[1]东海大学的前生就是美国在中国大陆的十三所基督教大学。除了1906年耶鲁大学设在长沙的雅理大学[2]之外，十三所基督教大学分布地区广泛，历史悠久，办学名声显赫，诸如北京的燕京大学、南京的金陵大学和金陵女子文理学院、广州的岭南大学、武汉的华中大学、杭州的之江大学、上海的圣约翰大学[3]和沪江大学、济南的齐鲁大学、成都的华西协和大学、苏州的东吴大学[4]、福州的福建协和大学和华南女子文理学院，甚至还可以触及那时"未及出生"的上海华东大学。这也就是说，大学，作为领导权计划（hegemonic project）的重要推动基地，即使在被称为是最后的教会大学校园与建筑，美国在华基督教大学的"终结者"的20世纪50年代我国台湾台中东海大学，可以说是美国在当时协防台湾海峡第七舰队的军事实力之外，建构全球治理的领导权价值的正当形式（legitimated form）。教会大学"有若福音降临"，既是"二战"后美利坚盛世的领导权与国家软实力的空间再现，也是现代建筑的实质物理空间真实移植，更是结合业主与建筑师同样要求的，摸索比较内在、比较本质、比较贴近地方的中国文化的象征空间表现，展开了美国新教教会大学在中国的最后之梦。

1953年，美国在华基督教联合董事会（简称"联董会"）在1946年未能实现的将圣约翰、东吴、之江、沪江四所教会大学合并而成上海华东大学的构想的基础上，决定在大陆的十三所教会大学之后，在中国台湾——当时的"自由中国"——设立一所以美国博雅学院，即以人文教育学院（liberal art college）为范型的大学。当时纽约的联董会，尤其是曾经在南京金陵大学教过书的芳威廉（William P. Fann）执行秘书长，受到20世纪二三十年代美国进步主义的影响，很清楚地表明：东海大学校园要吸取在中国大陆时离人民过于疏远的教训，要与昔日的基督教会大学"有所区隔"，要求契合中国台湾本土的教育需要。在教育上强调通才教育（general education）与劳作制度（labor education），简朴生活的基督教草根社区支持师生"共同生活"于校园之内，在校园规划的空间主张上，以托马斯·杰弗逊（Thomas Jefferson）的弗吉尼亚大学的巴洛克轴线组织校园的教学空间，以文理大道与两侧的学院合院布局，在建筑上则放弃了由亨利·墨菲（Henry Killam Murphy）主导，以南京为重要基地，由巴黎美术学院的西方古典美学与东方古典认同相结合所营造的"民国建筑"经验，这是政治统治者意象化了的意识形态（imaged ideology），也是国族国家文化正统的空间再现（representations of space）。

于是东海校园建筑的设计模型（design model）与设计原型（design prototypes），通过密斯·凡·德·罗（Ludwig Mies van der Rohe）的自由、开放、理性的现代主义流动空间，以及文化认同上的中国诠释，这种校园空间形式经由缓坡整地之后地方性的鹅卵石、青石台基，由东方合院（court）转化的西方学院合院或方院（quadrangle），在树林里不超过四层楼的两坡水斜屋顶与灰瓦再现的人文尺度感，清晰的构造作法与朴素材料再现的现代营造技术、干河沟缓坡贫瘠红棕壤上柔和的相思树地景等营造措辞（building rhetoric），展现在教会大学教堂与校园中心性的象征、行政大楼与图书馆、学院、铭贤堂奥柏林学生活动中心、招待所、浪漫的女教职员宿舍与女生宿舍、男生宿舍、体育馆等建筑物类型上。尽管当时台湾的物质条件十分困窘，制度及社会（现代化）尚未完备（如建筑师签证＋建照取得），但借助庞大的美国物质支持，加上贝聿铭、张肇康、陈其宽等杰出的专业人士所组成的建筑师团队，还是取得了当时在亚洲首屈一指的营造成果与社会效果。缓坡校园，远山在望，俯瞰城市，犹如中世纪修道院的大学校园，这是在经济快速发展之前的中国台湾，知识贵族的素养培育与文化熏陶的学院殿堂。

最关键的历史转折点在于1970年开始，联董会逐年减少财务支持，吴德耀校长是了解这个转折时间即将降临的校长。之后，东海大学就在经济压力下扩充学生数量，开启了一个美式大学博雅学院的本土化过程。犹如落入凡尘，先是在政治上受当局干预，学院中的权力争夺、经营进入了市场、校园周边土地资本的欲望——表现在看不见的制度与校园权力的组织之中，而学院的学术表现竟然也同步下滑，这是大学最值得反思的要害。至于看得见的校园，破坏早已来临。"现代建筑"教育一直是东海建筑学院的核心，虽然仍是美式建筑设计教育的移植，却是中国台湾建筑教育中最具清楚思想与方向的然而这一核心特色却在此阶段遭遇了最尴尬的现实结局。早年校园里的现代建筑楼馆，如紧邻教堂的艺术中心，设计者似乎更懂得尊重基地，建筑物体量尽可能低调；后来的现代建筑却与早年不同，但不完全是形式上的风格问题，而是，后来者终究显露出现代性（modernity）的真实面目，也就是断裂（break），创造性破坏（creative destruction）欲望的真实流露。[5]建筑师一旦缺乏自觉，形式主义的恶行本身就是校园的杀手，设计者自己就是校园破坏者。建筑设计造成的校园冲击，外人皆知，唯独建筑系自身与其依赖的现代建筑论述浑然不觉，自溺在封闭的形式主义美学中而不能自觉。校园规划缺位造成的最尴尬现实结局就是，这些后到的现代建筑，使得校园的乡愁也失去了依恋与附着的地方。最后，外来的威胁更形险恶，内外交相争利造就环境的不可持续性，若说这是东海校园的危机亦非危言耸听。空气质量成为校园危机的象征表现，东海校园已经成为全台湾空气质量最差的校园，我们必须进一步说明这个跨出校园围墙的区域性变化。[6]

在欧洲中古世纪历史里浮现的大学，城镇与大学之间就有一种共生关系，即使不乏城镇市民与披戴学袍的学院之间的冲突，例如有名的"Town and Gown"的抗争，但是要像东海大学校园与台中市之间的关系发展得如此致命，却也是十分罕见。一方面，台湾中部都会区的环境危机，雾霾扩散是21世纪新瘟疫。台北—新竹高科技走廊，维持跨界连接竞争力，部分仰赖将社会与健康成本外部化，能源并非真正便宜。燃煤电厂（世界最大碳排放的台中火力发电厂＋第六大麦寮电厂），中电北送，两者相加，再外加全球最大单一石化区、中国台湾最大固定污染源——台塑六轻排放的季节性扩散，已经使2008—2012年台中市女性肺腺癌发生率居我国台湾全岛第一。

　　另一方面，台中市本身的工业区规划失控，从大肚山工业区分布图上可以看到，东海大学校园已经被大大小小的工业区包围，环境过度负荷。西边有前述燃煤的中火、中龙钢铁以及关联的工业区；北边有火葬场、中部科学园区；南边有精密机械工业区、垃圾焚化炉、台中工业区。[7]中科引进台积电等有竞争力同时高能耗的高科技厂，却无力淘汰没有竞争力、环保比较松散的部分传统制造业工厂，以及数万家不符合环保规范的非正式工厂。大肚山作为浅山类型保存的绿肺功能被短视的政府忽视了。在这个历史过程中，号称文化城的台中市早已转型为工业城。根据《ETtoday东森新闻云》2015年11月28日报道，台电的东海大学空气品质监测站显示，10月份此地是全台湾空气质量最差的地方。[8]这是测出细悬浮微粒月均值为全台湾最高，而不只是空气最脏的校园而已。东海大学对面的台中荣总胸腔科门诊，每日肺腺癌确诊率奇高，终于，东海师生在2017年第一次动员校园联署，有几百位老师参与。[9]除去呼吸道、心血管疾病，空气污染致癌是十多年累积，有些东海的教师一经发现已是肺癌末期。环境保护已经上升为健康风险问题。20世纪80年代大台北工厂外移，产业外移，资本的空间修补（spatial fix）使得癌症发生率大幅降低。但云林彰化海线，如浊水溪北岸的彰化大城乡，30年前在全台湾癌症发生率最低，现在却陡升进前十，其中大城乡台西村（最靠近六轻），2013年统计，过去8年有28人罹癌，常住人口每14人有一人罹癌。台湾中部的中云彰嘉偏内陆区位，因右侧有山脉挡住的地形特点，空气污染物无法扩散，也从健康乡变成"重癌症乡"。整个台湾中南部，已经是居民健康不平等再现的第三世界了。[10]直到20世纪70年代初还被研究者探究都市发展为何显得迟滞的台中，若是质问环境急遽恶化的真正原因，其实是资本主义快速工业发展的贪婪带来的破坏。我国台湾的经济发展在消灭自己生存的空间，这是现代性在发展中国家的都市现实的表现。今后，东海大学的校园规划更显重要，但是它必须跨出校园围墙，离开规划课本规定的边界，校园规划必须与台湾中部都会区的战略规划相结合。规划过程更为关键，需要动员市民力量积极参与，让空气污染治理成为都会治理的重大政策，要求政府采用与欧盟和美国相同的健康空气标准，并要求主管能源和产业的经济部门必须配合。

东海大学已经完全本地化了，它的校园却已面目全非，身陷雾霾的东海大学根本看不见明天的校园。这是21世纪的新都市问题。只有勇于面对今日的危机，朝向东海校园的重建，明天的校园才有希望。

注释

1   赵辰教授2017年3月4日在第十七、十八届海峡两岸"大学的校园"学术研讨会"会前会"上的发言：《关于中国"教会大学的校园"》。南京大学建筑与城市规划学院主办，南大鼓楼校区，建良楼三层会议室、一层南雍讲堂。

2   1906年美国耶鲁人在长沙西牌楼创办了"雅礼大学堂"。

3   1879年初名圣约翰书院，1881年开始完全用英语教学，1892年起正式开设大学课程。

4   1871年美国基督教监理公会在苏州设立存养书院，1901年建立东吴大学堂，也称东吴大书院，1911年辛亥革命后改称东吴大学。

5   HARVEY D, 2003. Paris, Capital of Modernity. London: Routledge.（中译本：大卫·哈维，2007. 巴黎，现代性之都. 黄煜文，译. 台北：群学出版有限公司.）HARVEY D, 1990. The Condition of Postmodernity: An Enquiry into the Origins of Cultural Change. New York: Blackwell.（中译本：戴维·哈维，2003. 后现代的状况——对文化变迁之缘起的探究. 阎嘉，译. 北京：商务印书馆.）

6   台中的气候本来是我国台湾西海岸都会区域中最吸引人的特色，然而，一切都改变了。以下资料由赵慧琳提供，她正在撰写关于台湾中部未来环境的寓言小说。

7   大肚山工业区分布图可见于：https://goo.gl/images/dTKTwY

8   以上资料见：吴金树. 台中东海大学空气全台最脏？这些图表告诉你为什么！. 2015-11-30. http://www.ettoday.net/news/20151130/605710.htm?feature=88&tab_id=89

9   东海大学师生抗空污联署，见：https://m.facebook.com/studentactivity/posts/1351457994900781:0

10 癌症地图40年来的变化，是中山医大公卫学者廖勇柏的研究成果。中南部呼吸不平等论述，是台湾健康空气行动联盟2017年2月19日游行提出的论述。

第四章

建筑与城市史

专业者与专业教育

王大闳建筑师一百岁 [1]

为了恭贺王大闳建筑师一百岁，我将原为迟来而后未实现的归乡之旅而出版的书的推荐词略做修改 [2]，以表达衷心的祝福。

适值全球信息化年代，面对米歇尔·福柯所说的当前这种空间的纪元，同时性的时代，并列的年代，中国的大陆和台湾也得以彼此对照，相互沟通，吸取教训，趋吉避凶。而王大闳建筑师的专业回顾正可以作为一种典型，让我们得以共同审视现代建筑的移植过程在中国台湾的特殊经验，最后得以反身看见自己。

从王大闳由欧美学成返沪，以至于后再由中国香港到中国台湾，他的建筑师生涯建构之时，正是在战后美利坚盛世（Pax Americana）之下，现代建筑经由美国转手，以国际风格（International Style）之名，向世界传播之时。有意思的是，这种现代建筑论述移植的过程，流动空间的抽象性美学经验的建构，我们可以由密斯·凡·德·罗（Ludwig Mies van der Rohe）、哈佛同学菲利普·约翰逊（Philip Johnson）、贝聿铭以至于王大闳自身，在一线相牵的空间再现与表征的设计措辞之中，发现日后后现代主义所强调的文化认同（cultural identity）与地方空间（space of places），竟然在当时的中国台湾就成为建筑师的文化坚持，思辨建筑的意义。

当时国民党来台的政治计划正是"国族国家之重建"（rebuilding the nation state），王大闳的现代美学经验所消化的东方认同，虽然符合文化领导权的计划（hegemonic project），却在建筑形式上不同于当时公共建筑在主要业主心中的经验，也就是以亨利·墨菲（Henry Murphy）为主导，以南京为重要基地，由巴黎美术学院的西方古典美学与东方古典认同相结合所营造的"民国建筑"经验。这种经验是统治者意识形态的意象化（imaged ideology），也是"国族国家"文化正统的空间再现（representations of space）。在中国台湾，1950年之后不乏与王大闳竞争的对手，所涉空间象征表现包括：台北外双溪的"故宫博物院"（黄宝瑜，"中央大学"，刘敦桢学生、助教），台北市区中心由"总统府"前转身向南即可望见的、有如北京天坛祈年殿攒尖顶一般巍然耸立的科学馆与北边阳明山山仔后山头上的文化大学（卢毓骏，巴黎大学，南京考试院设计者），阳明山的中山楼（修泽兰，中央大学），以及俯瞰台北市的圆山大饭店与在城市核心地区、有如最后终局性高潮的中正纪念堂（杨卓成，中山大学），等等。

与前列建筑师的做法形成对照，王大闳的"国父纪念馆"屋顶与南边主入口形式的改变过程是一个空间象征建构与设计措辞上的折中，也是所谓"中国现代建筑"在公共建筑与国族认同上象征表现手法上的妥协。"国父纪念馆"在空间象征上的文化教化与社会共鸣效果，超过了建筑师自己以前的（如台大学生活动中心、教育主管部门大楼等）以及当时其他建筑师的公共建筑设计，这是文化领导权实践领域中的建筑设计展现，表现了"国族国家"的政治正当性与集体记忆的文化教化效果。另一方面，这种现代美学经验所消化的东方认同的建筑类型、空间的文化形式的营造措辞与设计措辞，如宽敞基地中独栋建筑与周围廊、南北中轴线、黄色舒展的屋顶、檐角起翘等，在经济发展之前，或是快速经济发展过程中，为非正式经济所主导的我国台湾民间社会的形构过程中，已经被接受为"国家正当性"的文化规范，这是被视为普同的、有效的、支配性的文化经验，像是自然的、友善的符号，不可避免地惠及所有人。"天下为公"的空间化建构,作为空间的再现与表征,非仅属于统治阶级的社会建构,成就统治社会的正当理由。"世界大同",不断扩大的天下世界,大同,即,没有边界的天下,这是空间的社会生产。所以,对当时的我国台湾社会,王大闳的"国父纪念馆"及其空间再现的价值,其有形的与无形的影响都是巨大的。

然而,历史总是充满惊奇,政治始终造成扭曲,建筑终究需要针对历史与政治不能说出的意义"解秘"。就在"国父纪念馆"完工之后,最让建筑师王大闳尴尬之处,莫过于被政府奉为统治哲学的三民主义,尤其是具有社会主义色彩的民生主义,其中受到美国亨利·乔治(Henry George)《进步与贫穷》(Progress and Poverty)一书的社会改革与经济哲学影响的土地政策——"地尽其利,地利共享",在政治现实中竟然已经全然转化为:政府总税收占全地区产值比率居全世界最低,仅占12%;土地与住宅政策最无能,房屋税、土地税几近于零,仅约0.02%;社会住宅数量世界最低,仅占0.08%。这是一个令美国茶党都心向往之的最右翼政治文化。至此,"国父纪念馆"全然退化成为一个"国族国家"意识形态空间再现的空壳。至于经济快速发展,土地政策失控,房地产投机成为全民游戏,住宅阶级(housing class)形构了一个房产继承社会;土地与房地产资本作为地区与地方权力集团(power block)的利益共同体,扭曲了都市计划,全面造就了空间商品化的境地。甚至,在政治民主化过程中的政治民粹化氛围里,我国台湾已经变成一个实际上的政治蓝、绿差别,只在于"国族认同"的分裂,而没有左右立场差异的单一化的最右翼政治文化。[3]至于这样的社会能否安然继续接受前述纪念馆的建筑师专业构想与意义追求?答案已经是没有什么值得期待的了。至于2014年那起像是有预言意义的事件,发生在"国父纪念馆"南北中轴线正北。因为台北大巨蛋(即台北文化体育园区)紧急疏散通道,在自身基地之外向南延伸为忠孝东路地下化的疏散通道,同时必须移除纪念馆北侧的植栽与路树。这种粗暴的工程手段彻底破坏了纪念馆既有象征意义的主轴线。掏空挖断了轴线,失去建筑物北边背靠的植栽,难道这是要破坏前述"国族国家"的政治正当性与集体记忆的文化教化效果所依靠的,作为空间象征中轴线的风水吗?看来报应将由我们自己来承担,不争来早与来迟。

建筑作为生活的空间,工匠巧手心细,建筑物在乎用,平时重维护,尤讲究珍惜,营造不离人气,遂生意盎然。社会厚德惜物,向往美好生活、身心灵平衡,懂得追寻意义,而不是投机贪婪,杀鸡取卵,竭泽而渔,以邻为壑,城市才得以生机勃勃。至于现代建筑与都市规划,其实是机器的隐喻,技术性的空间再现,更需要保养维修,不然,因陋就简,粗制滥造,很快报废；甚至，因为空间商品化，用过就丢，为了地产利润，加速拆除重建。现实生活中的王大闳的建筑，一如抢救与搜寻到的残破建筑图绘，私人与公共的空间都没有得到应有的珍惜，其中公共机构的态度尤甚，有经费的局促，有内心的忽视，更显空间之沧桑，至于意义的追寻早被遗忘。具备有教养身体的建筑师王大闳是最后的贵族，再现了战后现代建筑在中国台湾的移植之梦。一个英姿勃发、中西融通的建筑师在充满繁殖能力的南方城市里白日燃烛，致力图板上的空间想象，只有我国台湾现代建筑的建筑学子与专业社群，或可以扩及文化界，2017年，在他的老同学贝聿铭同样一百岁的时候，能回报一百岁的建筑师王大闳无上之尊崇。

注释

1　原文收录于：郭肇立编辑，2018. 世纪王大闳. 台北：典藏艺术家庭.

2　徐明松，2014. 建筑师王大闳1942—1995. 上海：同济大学出版社.

3　这是年轻时在王大闳事务所工作过的台湾大学建筑与城乡研究所华昌宜教授的观点，见：华昌宜. 房产与阶级. 苹果日报，2014-01-22.

写在《建筑无我》
前面的话 [1]

　　张哲夫建筑师返台执业四十年，有意编辑一本不仅仅像常规建筑师个人作品集那样的纪念出版物，我愿意在前面写几句话，从更大的全球视角来看待台湾建筑师的专业实践。首先，试由都市变迁过程审视建筑，先谈都市现实的问题，再论专业实践的角色与作用，其间夹杂一点经验个案。

　　在殖民城市历史条件所形构的二元空间结构上，战后的中国台湾城市，都市形式主要由地区政策主导下的快速经济发展过程所塑造。由北美洲引入的形式化、简单化、没有生命力、业已先决定了的"现代都市计划"（modern urban planning），在中国台湾并未获得像在新加坡或中国香港那样的重视，这个制度（institution）同样也是中国台湾版本的"现代建筑"，是在美利坚盛世（Pax Americana）与强权所维持的世界和平与政治秩序下的东亚移植。相较于中国台湾的社会关系的作用，这对同胞兄弟，它们都一样是难以实实在在起作用的制度性空间。因此，中国台湾主要的都市形式可以说是：①在地区政策纵容土地资本下的投机城市（speculators' cities）；②在制度执行边缘与缝隙中冒生的有活力的中小资本欲望再现的非正式城市（informal cities）；③相对晚一步，1989年之后，市民城市（citizens' cities）浮现的力量，才是塑造台湾城市与乡村容貌的有特色力量。这是在充满冲突的都市过程中所营造的混乱无序却生机勃勃，充满似非而是、似是而非现象的悖论性空间与社会（paradoxical space and society）的变迁过程。于是，慢慢变得宜居而舒适的城市与市民文化也开出空间的花朵，展现出一种几乎与现代建筑与现代规划所强调的西方美学上的纪念性没有太直接的关系，却又有些特殊的社会意涵的象征空间魅力。

作为历史对照，一般而言，资本主义的城市，中心化、一元化，预先决定了权力装置与美学支配，一如巴黎的林荫大道正是布尔乔亚的阶级美学再现，伴随都市危机与军事控制，冲突的社会关系，再加上土地资本对房地产市场的考量，及在其身后更根本的力量，资本主义城市的创造性破坏，为进一步的积累铺路。这是巴黎故事看不见的主线。

至于台北故事，台北空间形式的结局，也是都市设计的执行，为何成效不理想？执行、预审，局长定位作用与委员素质的展现是检讨成效的关键。张哲夫负责的内湖妮傲丝翠总部大楼，审查过程中担心日后违建，要求将户外空间加盖为室内空间。如此逻辑，如同担心阳台加盖于是就不准设计阳台一般，不是削足适履吗？这难道就是地区权力、拘泥的政府、琐碎行政文化，面对中国台湾非正式城市的违建文化之时，无能力治理的表现吗？

中国台湾的公共建筑物是僵化、拘泥的当局政府的象征表现，也是一种象征的公共空间，因此，"公共"，是政府与市民社会之间的互动，是最值得关注的焦点。台北市文化局主导的公共艺术节，如2005年老市区的大同新世界，江洋辉改造"兰州派出所"，曾经营造出有意思的设计与出色的展现，可惜都市发展局与市长对于公共空间的意义表现均不甚了了，最后将其拆除。前述西方美学上的纪念性的对立面可以说是市民社会的丰盛多元、尊重与包容既有、市民参与、看到社会关系，这些关乎公共空间的捍卫与争取、可及、发声，也是市民城市的意义表现。张哲夫的捷运大安森林公园站，倒是难得的突破性个案，期望日后在大安森林公园不会影响客流的地方，容纳一些文化表演活动。

前述这个都市变迁的历史过程，可以说是21世纪中国台湾面对全球信息化巨变趋势时必须因应的现实。在巨变过程中，我们得见一个僵硬拘泥的地区，在民主化过程中"选举万岁"（election first）催生的民粹政治（populist politics）力量，使得此地区之治理，有时软弱，有时冷酷，更时时刻刻是充满算计的政治决策。民粹政治力量一方面限制了技术官僚的能力与本来就不足的气度，使他们困限于琐事的危机，没有大格局；另一方面他们却又必须面对残酷的全球竞争现实。在这个现实里，一方面是不能治理的处境，政府是什么计划都不能做，不能实现，不能引领社会对明日城市的文化想象；另一方面又像是在城市瓦解的前夜，竟然预示了社会关系与社会冲突，城市生活与价值认同再现的冲突失序，城市分裂了。中国台湾的城市是全球信息化下的分裂城市（divided cities），是"国族认同"、阶级、族群、性别与性倾向、世代与年龄、区域与社区，甚至是校园与大学内部等方面的重重分裂。区域分裂，制度上的无能加速了全球经济下区域的两极分化。都市更新、老屋更新等政策，由"容积奖励"催逼出中小地主对土地利益的贪婪，人人都变身为投机的发展商，市民胃口养大之后都市更新反而成为难以执行的僵局。于是都市计划与建筑直接现形为货币，我们像是回到未来，预见了明天的城市里台北市中心的晋绅化（gentrification）。刚浮现的市民社会竟然朝向一个私有财产权绝对化的社会转化，排除了其他形式的所有权人使用空间的权利，全球信息化城市里一个极端的新自由主义价值所贯穿的私营城市（private city）降临了。[2]20世纪80年代末才开始浮现的市民城市，现在分裂了。前述的社会排除与都市冲突竟然像是分裂城市的空间战争（war of space）。未来的台北市，只有彻底转向为公共城市（public city），经由社区营造的都市更新，由市民作为主体主导的自主参与的都市更新，才有改造城市的新动能，城市也才有明天。

面对分裂的都市现实与都市过程，通过城市生活中包含的各式各样的社会关系，尤其是通过面对面的遭遇而产生的社会冲突，经历过差异和冲突摩擦，人们会亲身体悟到自身生活的现实氛围，这种冲突的经历遂逐渐成熟起来，这就是台湾社会公共空间与公共经验的成长过程。然而政府权力与现代性的理性以及压迫性欲望，却一再干预市民社会的生活。似乎政府不自觉地还以为它可以做到像前述的巴黎故事与奥斯曼男爵（Baron Haussmann）之所为，以为地区的前景、城市的规划、建筑的设计仍然要成为一个有序清晰的整体。这种现代性的成见必须破除。城市是由各部分组成的社会秩序，无须强求一致的、可控制的整体形式。就像台湾城市的规划与分区管制，这是从来就没有被贯彻执行过的理性的纸上企图——集中管制、功能有效、视觉秩序，它们遮盖了新自由主义私营城市的社会不正义，透露出法西斯的征兆。过于要求强渡关山，此去路难，是非到底难以求安。现实的都市生活刚好相反，混乱无序就是中国台湾城市的特色与活力的表现。混乱无序其实优于僵死、被技术官僚先决定了规划，限制了实在起作用的真实的社会探索；这是中国台湾城市的公共空间的社会探索，不是政府权力的伸张。

在这种都市现实与都市过程之中，作为市民社会中坚团体的建筑师社群，过去被投机城市的土地开发商的价值所支配，失去了专业角色的自主性与反省视野，专业团体成为利益团体，不能体现出建筑师自主的专业角色。

在制度上，保守的视野与利己的价值又排除了地景建筑师与都市规划师的专业角色，未能将其整合在自由职业的专业者的制度法令领域之内，加强了社会分工下专业技能的片段化趋势。

在技术上，专业技能不能与时俱进，譬如说，对永续城市（sustainable city）与绿色建筑的价值与专业技能无感；以及，在新知识与技术的挑战下"叫建筑太沉重"，信息城市（information city）搭乘网络的流动，"建筑就是媒体"（architecture as media），建筑研究者受限于早已过时了的西欧资产阶级形式主义美学的眼界，还以为网络社会与信息城市仅仅是表面数字化图绘形式的美学操作，这也是中国台湾的建筑学院不够长进的狭隘结局。

最关键的还是政府的政策。全球信息化资本主义下都会区域的浮现，西班牙的毕尔堡在1997年用弗兰克·盖里（Frank Gehry）设计的古根海姆美术馆作为支点，挑起毕尔堡都市转化的历史策略，首开城市营销（city marketing）之滥觞。毕尔堡效应（Bilbao effect）下担心世界看不见的中国台湾岂能幸免？虽然全球化下越界的国际级建筑师的经验与能力值得借取，评选建筑师的制度也不宜排外，然而国际竞赛泛滥，在偶像建筑师明星光环之下，地方建筑师的权利被排除，在既有公共部门体制之下，营造过程中问题层出不穷，引起建筑师的抗议。不知自己是谁的中国台湾，坐实了南方朔所说的"第三世界的建筑物主义"的推手，造就了第三世界无能建构自身主体性的美学笑话。[3]这时我们需要进一步反思与追溯西方文艺复兴之后建筑论述（architectural discourse）建构的形式主义幽灵的根源。文艺复兴的建筑师将古典建筑变成一个自主而绝对的建筑"物"，或者说，建筑客体、建筑对象（architectural object）。过去，成为被建筑师挪用的元素，给予当前所需的意识形态支持，建筑对象成为客体，随手摆弄拼凑（bricolage）。对中世纪与之前的历史而言，这是在重新建构一个新的传统与历史，发明历史的行动，被称为是对历史的遮蔽（the eclipse of history），遮蔽历史的开端。用黑格尔的说法，这是客体性与主体性的分离，师与匠之间的一种革命性的断裂。到了18世纪，为启蒙主义思想鼓励的西方资产阶级美学论述终于成形。西欧哲学家将建筑归类为美术（fine arts）的一支，以审美价值区分建筑与营造，强调美的营造（建筑物，building）才是建筑（Architecture）。林肯大教堂与脚踏车棚两者之间的美学对比就是最有名的例子。欧美社会经历五百年时间逐步加速的过程，现代性步伐仍难掩鲁莽，然而，现代性其实就是断裂，是资本追求利润的欲望造成的创造性破坏的空间再现，这也就是"成为现代"。就发展中地区的殖民现代性经验而言，制度的移植使得在地区与社会的关系上，机器与制度的关系上，都忽略了人。加上专业者也遗忘了人，又欠缺反思，不能接地气，异化的空间就是必然的结局。去除了人的存在之后的建筑，其实就是形式主义文化的再生产。空间的全球商品化，偶像建筑师就是垄断性品牌，为新自由主义的支配性意识形态所支持，为发展中国家和地区的缺乏自信的政府心态所肯定，这是在全球化年代建筑论述的权力与价值观赤裸裸地展现在发展中国家和地区的终极表征。而中国台湾的建筑学院、建筑论述以及建筑师本身又岂能置身事外？不过，在国际竞赛争议之外，长期制约中国台湾建筑成长的还是政治力量的不当干预，真正严重而未被揭露的事实莫过于选择建筑师的制度背后，流露出政府被庞大工程利益侵蚀之后的腐败，这已经不是媒体上的丑闻，而是政府中潜藏的贪渎，由历史角度来看，却经常是伴奏政权终局的挽歌。

大多数的建筑师与建筑学院，无能辨认建筑历史舞台已经改变，也未能觉察到1968年之后反省性的社会建筑（social architecture）已经升华为具有普遍意义的典范转移，那么，又如何能期待突破封闭的建筑学习过程，摸索明天的出路，掌握社会变迁的隙缝（enclaves of social changes）？面对前述这些现实的空间问题，除了再现一点自以为"小确幸"的美学玩意儿之外，建筑师与建筑设计本身，如何能逆境生长，回到历史的中心，真正做些什么"历史性的计划"（historical project）呢？至于建筑批评，一如文学批评、艺术批评以及周末媒体增刊上的评论文字，被认为是一种操作性批评（operative criticism）。它们貌似中立，却在偷渡既有的美学价值与偏见，更是对既定的现代建筑论述中美学观点的再生产，致力于意象（image）、形式（form）的品味移植，空间商品化，追赶流行。对照于建筑批评，建筑史的写作则是面对脉络——社会与制度的脉络——分析问题，建筑史写作是"解秘"的计划（a project of demythification），而不是建构乡愁，强化文化对体制的再生产。

与建筑师专业社群相较，深度反省的能力与展望明天的能力是有关系的，而这部分尤其应该是学院的责任。我们的专业养成是一种综合性的能力，这是一种人文学科提供的精神状态、关照能力、反身性能力，有能力看到自身，知道自己是谁，知道自身的限制，也因此，空间的营造提供了一种机会，一种镜像效果，一过溪水而能顿悟的能力，让我们看到自身，也就是"异托邦"（heterotopias）的营造吧？一种象征空间的力量。

最后，我引用罗兰·巴特（Roland Barthes）早就提醒过我们的话，对建筑设计积极的潜力多做一点说明：在建筑的双向运动"求变与梦幻"的紧张关系中，象征表现的魅力与作用是空间实践的要害所在。[5] 相较于科学的论述，设计是一种陈述的行动，一种象征的实践。设计在于展示主体的位置与能量，甚至是在主体不足（不是不在）的同时，又专注于语言的现实本身，认识到语言是由意涵、效果、回响、转折、返回、程度等组成的巨大光晕。基于对论述实践主体的期待，巴特的情色城市的建构便重新界定了有自觉的建筑师的实践主体性，这时，建筑师的称呼已不再是社会分工上的角色，或是语言上的被动奴仆。有自觉的设计师有能力发挥建筑再现与表征的力量，即便故弄玄虚，玩弄符号，而不是消除符号。设计师将符号置于一种语言机器之中，而机器的制动器和安全阀都已经被拔除了。这是在语言内部所建立的各式各样的真正的同形异质体（heteronymy），也就是符号学实践的可能性，一种对权力论述与理性论述的颠覆之道，一种令人愉悦、有快感的偏离作用（excursion），展现一种像孩童般的欲望中的来来去去游戏，一种无权力的论述实践。这样，在美学层次上，中国台湾的建筑设计师与建筑体验的使用者，或许可以与 2017 年年度神片——或者说，公认大烂片——《台北物语》的导演、演员以及观众们所造就的嘉年华式狂欢沟通与对话。《台北物语》竟然一再公演，由小厅转大厅，导演黄英雄对媒体说："我的电影是讲人性又超人性的，目的是为了嘲弄台北生活的荒诞与拜金。"可是，观众回报以一种必须共同在电影院特定空间里观赏的嘉年华式的狂欢。浙江来的影评人黄豆豆说得好："一群人因为共同的目的齐聚在一起，尽情善意地吐槽、放肆地欢笑……它在某个特定的时间完成了超越，翻转了电影人和观众之间的关系，它甚至还带来了一种观影的优越感，也因此，它带来的欢乐是另类的，是发自内心的。"[6]

一直到书最后送印之际，张哲夫决定用"建筑无我"为书名，我才惊觉到他返台执业四十年最想说的话竟然是"无我"。而无我建筑，正是西方现代建筑师角色在文艺复兴之际浮现的价值的对立面。自我的表现作为现代性再现的创造性破坏欲望的内在动力，是前文提到的西方现代建筑师客体性与主体性间的对立，也是建筑师与营造工匠之间的历史性断裂。这是现代建筑师诞生的历史，也是建筑师的自我在现代专业论述的滋长与创新欲望的撩拨下的引爆点。然而，面对当前 21 世纪全球信息化的现实，跨界的沟通能力已经反过来成为专业养成的必需素养，促使地方充分参与、发挥地方智慧，更是新专业技能所必需的一部分。工业社会形构的现代建筑与规划的专业论述却不时显示出其专业傲慢、技术僵硬、欠缺灵活与弹性，缺少对文化与人的特质的关注。专业论述只有更开放才能提供专业服务。[7] 建筑无我（selfless architecture），是对现实的深刻反省后追求的境界，正是没有建筑师的建筑（architecture without architect）。建筑的出路，只有在社会与政治的新条件之下，重新回到人本身，重建主体与客体的统一。

建筑设计要回到无我。无我相、无人相、无众生相、无寿者相。

这是《金刚经》的教诲。

注释

1   修改前论文曾发表于：张哲夫，2017. 建筑无我——超越形式的追逐. 台北：张哲夫建筑师事务所：5-11.

2   认识台北市的都市更新，可以参考：张维修，2012. 都市更新体制的浮现与转型. 台湾大学建筑与城乡研究所博士论文.

3   南方朔. 第三世界的建筑物主义. 苹果日报，2017-07-18.

4   夏铸九，2016. 现代建筑师为何"不接地气"？. 乡愁经济.

5   可以参考：夏铸九，1992. 理论建筑. 台北：唐山出版社.

6   黄豆豆. 这部台湾大烂片，承包了我一整年的笑声. 映画台湾，2017-07-17.

7   夏铸九，2016. 未来的建筑教育——巨变中的建筑教育与台湾//异质地方之营造——由城流乡动到都会区域. 台北：唐山出版社：659-660.

"接地气"问题

致发展中国家的"现代"建筑
与规划专业者 [1]

2017年11月18日的2017中国城市规划年会大会上,住房和城乡建设部副部长黄艳委托住房和城乡建设部城市规划司副司长张兵代作报告《落实十九大新时代目标、方略和任务,转变城市规划的理念和方法》。由于都市现实中的真实物理空间产生了问题,或者说达不到国家的政策期望,于是对规划师的专业论述的空间提出了反思与质疑,报告在最后指出了城市规划从业人员的七个"不允许":不允许套用简单、程序化"规划原理和方式"对待所有被规划的城市;不允许好大喜功、浮夸城市战略定位和发展目标;不允许为了扩大建设用地规模,违反城市发展规律,人为做大人口规模;不允许违反自然生态环境;不允许将城市规划的方法简单地套用于村庄规划；不允许忽视存量空间资源的规划；不允许做"没有用"的规划。

似乎是改革开放以后的规划与都市现实推动了最近的制度改革，看来这是规划与设计的制度性分离的开始。

网络社会与信息城市来临了，而现代建筑师为何"不接地气"？作者试着就发展中国家与社会，特别是身处东亚的专业者，提出理论角度的反思。

第一，提出一点方法论上的提醒：建筑与城市不等于建筑规划论述，不等于象征表现。

仔细地区分后，真实的物理性空间不等于是空间的表征与再现（representations of space），譬如说，专业的论述，突出观点与概念的论述领域；同时，真实的物理性空间又不等于表征的空间（representational space）或象征的空间（symbolic space），即：空间的象征表现或者说都市象征，突出生活的体验。

第二，对发展中国家与社会而言，现代专业论述历史形成过程与现代意义的建筑师的浮现，或者历史地说，是资本主义的资产阶级建筑师在西方之外移植的过程——它可以说是西方文艺复兴的历史与文化产物，以人文区分对抗中世纪。菲利波·伯鲁乃列斯基（Filippo Brunelleschi，1377—1446）为代表所开启的革命，师与匠的历史分离，手艺技能逐渐离开了作坊工匠的身体，伴随着手工生产工具转变为机械与仪器，深化与外化成为客观的、外在的技术。而这个技术分化的历史过程伴随着美学上的"形式主义"附身——这是西方建筑论述形式主义幽灵的根源。

曼弗雷多·塔夫里（Manfredo Tafuri）直陈，文艺复兴的建筑师将古典建筑变成一个自主而绝对的建筑"物"，或者说，建筑客体、建筑对象成为被建筑师挪用的元素，给予当前所需的意识形态支持，建筑对象成为客体，被随手摆弄拼凑。这是重新建构一个新的传统与历史，发明历史，被称为是"对历史的遮蔽"，遮蔽历史的开始。以黑格尔的说法，这是客体性（objectivity）与主体性（subjectivity）的分离。[2] 这是伯鲁乃列斯基开始的革命，也是蕴含在过去五个世纪以来的欧洲文化中的辩论。

然后，现代建筑论述与启蒙主义思想在18世纪终于成形，是西方美学论述的一部分。18世纪的西欧哲学家将建筑归类为美术的一支，以审美价值区分建筑与营造，强调美的营造（建筑物、房屋，building）才是建筑（Architecture）。最有名的例子就是林肯大教堂与脚踏车棚两者之间的美学对比与区分。[3]

接着是营造技术的分化与专业分工，18世纪中叶专业分化以及工程师与建筑师的分离——法国的先行经验，专业养成制度上正式宣告建筑与公共工程分道扬镳，即，象征的空间，或者说，表征与再现的空间成为建筑师的任务分工。自此，建筑师作为专业者要有同时驾驭艺术与科学这两匹无缰之马的无穷欲望。这也是18世纪笛卡尔主义人文及自然科学认识论本身与学院内部分裂的再现。

必须同时说明的是，18世纪启蒙主义的"空间观"，笛卡尔建构的科学与理性的坐标抛弃了人的身体，身体仅存留在经由素描速写与设计操弄的既有的古典语汇中。等到现代运动（Modern Movement）在19世纪末20世纪初主要的欧洲城市中浮现，维也纳、巴黎、柏林、伦敦、爱丁堡、巴塞罗那、马德里等等，手工艺运动与包豪斯学院代表的现代建筑学院，彻底经由几何的原型、原色、材料本质、流动空间干预设计的意象思维，机器——就是现代建筑的隐喻，人的身体全部消失在视觉艺术的现代领域里了。同时，现代建筑师的规划干预，改造资本主义城市，是对规划的个人性与技术性干预。"建筑师的构造为社会的意识形态者，对城市规划进行个人化干预，对公众则扮演形式方面的说服角色，就其自身之问题与发展则是自我批评角色。"[4]塔夫里的历史写作"解秘"了现代建筑运动，现代建筑论述建构先锋派与革命的关系，建筑被视为建构一种乌托邦的意识形态的表现手段，可是，它却被布尔乔亚美学的意识形态所支配与限制了。

面对19世纪的资本主义城市，乌托邦人道主义与现代规划师浮现，之后，规划师与建筑师在论述上逐渐分离，规划师负责都市功能的治理；专业的分化还在持续进行，这是前述技术分化与专业分工的过程。

"二战"之后，随着公司化和现代组织的诞生，现况已经发展成为专利权与人工智能在制度上与自动化技术上彻底异化为机器人的诞生，以及，在空间尺度与技术两方面强化了专业的分工与知识、技能的发展，比如主要为生态学的知识所支持的地景建筑师与区域设计，为经济学与政治学所支持的区域政策规划师与区域发展，甚至是全球化下越界的国际规划。

可是最根本的核心矛盾是，在资本积累造成的紧张社会关系下，建筑与规划专业的技术分化过程中，以先锋派艺术家自诩的现代建筑与为技术官僚主导的现代规划，在异化了的空间生产过程中，专业者神圣的斗篷遮蔽了专业的初心，也就是服务于使用者、人与社会，以至于长期与人文主义间展开意义争论，并且拉拔于人文主义的社会补偿与其制度软化效果。

于是，聚焦于都市权力（urban power），关系城市及其市民的命运，通过研究我们重新认识了规划。在福利国家社会凯恩斯主义模型主导的模型中，国家政策干预一则致力于劳动力再生产的集体消费机制，伴随了都市运动；二则导致通货膨胀，垄断资本借由宣告经济危机与1970年的信息技术突破再构了资本主义，朝着全球信息化资本主义转向，都市治理则由管理主义向企业主义转向。建筑，即空间的文化形式，在全新的晚期资本主义弹性积累的脉络下向后现代主义文化转化，也重新定义了建筑。重新认识城市与建筑的背后是认识论的典范转移，不同的空间理论以及空间的社会理论。

可以想象与学院既有学域分工间的知识异花受精以及科技整合的必要性，同时，有赖于既有学域中杰出成员的出色表现，来创造密切关系，如史学（建筑史、都市史、地景史、规划史、设计史），社会科学中的如地理学、心理学（人与环境研究）、社会学（都市社会学）、政治学（都市政治学、公共政策研究）、人类学、文化研究、女性主义等。

都市运动致力于朝向一个有意义的空间而转化城市，所以城市与空间变成使用价值的实现，而不只是为了功能上的目的，在空间上得到功能支持与都市服务而已。这是以人为本、以参与式规划与设计为核心的专业论述，支持创新，跨过现代与后现代设计的形式主义争论，朝向社区设计与社区营造；也就是说，这是以市民城市为方向的社会设计。[5]它不只是学院的论述，还联系上地方政治，在20世纪70年代还成为意大利左翼政党的历史性计划，有国际路线的另类政治含义，也是20世纪60年代后市民社会都市社会所支持的新都市价值的再现。有意思的是，在被全球信息化资本主义的新自由主义价值所穿透的东亚，在市民的支持下竟然也有机会获得表现的空间，譬如说，在获得"世界设计之都"称号的首尔，由"市民为顾客"转向"市民即市长"，从世界设计之都的"疯设计"转向"社会设计"。朴元淳以此获得市民支持，取代了支持扎哈·哈迪德设计的吴世勋，成为首尔市长。

更进一步，还可以加上生态设计，支持新能源和制造业生产过程的清洁生产、信息技术以及区域生态；再到社会设计工程（social "designeering"）的创新想象，直接有能力支持都会区域转化过程的信息技术升级、网络经济转型以及社会转化。

尤其最近这些年，在资本主义竞争的现实逼迫下，学院里设计与创新学院（D-School）的根本被管理学、工程学，特别是电机与信息工程领域把持着，他们学习意象思维（image thinking），能感动使用者的体验价值，将设计转变成为企业创造新价值的方法。然而，建筑学院还沉迷于资产阶级的美学陷阱中而不自觉。

而历史叙述的另一方面是东亚的历史与政治现实，自第一次世界大战后崛起、第二次世界大战后全面接管世界秩序的美利坚盛世（Pax Americana），现代建筑与规划经由美国传播于全世界，特别是在东亚的论述"移植"。

简言之，欧美社会经历五百年时间逐步加速的过程，现代性步伐仍难掩鲁莽，现代性其实就是断裂，是资本追求利润的欲望造成的创造性破坏的空间再现，这也就是"成为现代"。

针对发展中国家的殖民现代性经验，首先，制度的移植——在国家与社会的关系上、机器与制度的关系上，都遗忘了人。专业者为何也遗忘了人，又欠缺反思？异化的空间就是必然的结局。

其次，知识的贫困与理论的缺失——博物馆珍品展示，其实是形式躯壳的移植。童寯对1978年纽约大都会艺术博物馆明轩移植苏州网师园殿春簃院落的批评，针对的就是博物馆复制失去了园林这般充满生命的有机体，此即为一例。[6]因为，村落、城市、建筑以至于园林，包括历史中的村落、城市、建筑、园林，都不是死寂的空间，而是有人存在的，会发出声响，有气味温度，有生物共生，是有图像的政治、经济、文化和生活的地方（places）。现代博物馆学其实是死寂空间的时间记忆，它的对立面是人类学博物馆、生态博物馆，如何与人共生是问题的要害。[7]所以，空间并不只是先于社会，以及外在于社会之外存在的某物；空间是一种历史地建构起来的社会关系，空间其实就是社会。

接着，缺乏认识发展中国家都市问题的分析性知识，无力认识发展中国家的地方特殊性，是知识贫困与理论缺失的严重问题。譬如说，都市化≠经济发展≠工业化≠现代化≠西化，即，不是我们有了经济发展，都市问题就会自己改善，如西方的经验，即，西方经验被当作是人类发展的单行道。又如，都市非正式经济无所不在，还有过度都市化的问题……总之，区域均衡是关键，都市化需要整合在更广大的区域均衡的过程中，这现象在发展中国家尤其严重。

再来，如何面对当前没有市民的城市、没有城市的都市化之巨大悖论的现象呢？如何认识日常生活空间？自身的城市？存在的自身社区？自身的公共性与公共空间、街道、埕，以至于亭子脚/凉厅子/五脚砌/骑楼？专业者要如同手艺匠人，营造类型与营造模式这些空间措辞必须有能力把握，而不是形式上的"风格"，这是西方18世纪过了时的艺术史与建筑史论述的形式主义措辞。

面对地方，无论是城市、城镇抑或是村落，社区营造非常重要。面对民居，地方的精灵、地方的精气神、地方智慧，模式语言（pattern language）非常重要，关乎地方认同。

第三，至于专业技能与专业论述的构造，首先是专业的技术性。西方的形式主义传统长期以来一直受到人文主义者、生存空间的空间论的修正与软化，以至于有日后以新马克思主义者为代表的批判取向之质疑专业的技术性。原因之一在于技术问题的技术解决倾向，这是恋物癖（马克思的批评）。

现代建筑与规划本身有技术性分工下的拜物教倾向。面对的是政治，却经常以建筑的语言说话。

现代技术在1968年之后有了根本转变，城市不宜是现代理性思维下简单的树状结构的再现空间，也要求专业者有反思能力，参与和沟通成为必要的专业技能，符合地方生态，信息技术革命推动了网络社会与信息城市的脚步……解决问题的各种技术，如前段所述，不能硬套，必须了解地方的问题；软技术、调适性的技术，比较适合地方应用。所以，参与式规划与设计是必要的过程。

关于文化的想象空间——对汉字文化圈而言，"规划设计即是妙计，妙计展现的是明天，这是明天决定今天"。建筑规划提供的"意识形态传播作用"，是对明天的文化空间想象。一方面是对蓝图的想象，另一方面可能是幻想的空间，既是素颜的装扮，又可能是担心卸妆之后对权力的粉饰。既然关乎文化，关乎表意的实践（signifying practice），也关系着意义的竞争，关乎领导权（hegemonic power）的竞争，也关系着性别、阶级、族群。人们使用工具来投射一种意象，一种憧憬中的城市的意象，一种令人向往的社会。所以，我们最需要历史写作的"解秘"作用，历史写作并非建构乡愁，营造想象的共同体。在这个文化层次上，规划其实就是设计。

最后，政治的空间——规划过程是政治过程，折中斡旋的空间，这是政治的空间（political space）。特别是地方政府（local government）、地域性国家（local state）与地方政治，地域性政治，地方政治空间（local political space），更细致地说，把握地方社会与地方政府之间的互动关系，而关乎"执行"（implementation）层次的，适合解决这些问题的规划技术是规划专业的关键能力。

总之，若是把"地气"视为一种locale（在地），发展中国家的"现代"建筑与规划专业特别不能接地气，几乎是必然的结局。

亨利·列斐伏尔曾经批评社会主义革命之后苏联的都市规划师未能生产社会主义的空间，而仅仅再生产现代主义模型的都市设计。这仅仅是实质物理空间的干预（即前述的形式主义干预，资产阶级建筑与规划的移植），而未能充分掌握社会空间并将其应用在革命后的新脉络之上："改变生活！改变社会！若未生产适当的空间，这些构想就完全失去了它们的意义。由1920年代到1930年代苏联构成主义者及其失败学习到的教训是，新的社会关系要求一种新的空间，反之亦然。"[8]

　　这似乎预示了人类历史上最大胆的社会实验，竟然在没有社会运动或是战争介入的前提下，在1991年失败了。一个工业国家体制在信息主义崛起与网络社会的社会结构挑战下出现了危机，工业主义无法过渡到信息主义，中央计划经济与严格教条下的文化机器的生硬死板，最后以苏联的崩溃告终。[9]

　　这一历史教训对建筑与规划的专业者尤其重要。空间化不能再继续重复支配阶级领导权的社会关系的再生产了，不能再是形式主义移植与创新，而应该是社会空间生产的创新，新的社会关系与新的空间形式要同时并举，新的结构性的空间意义要求新的空间功能与新的都市形式的象征表现。面对信息年代的网络都市化过程，都会区域崛起与相伴随的新都市问题的浮现，江南明清城镇与乡村集市是由小农生产结构的宗族社会关系支持的地方的社会空间，现在历史转向了。在21世纪网络社会新社会结构的历史条件下，浙江的村落建构了新社会关系，农村电商建构起了网络都市化过程中的信息化村落，信息技术支持了虚拟空间经验，表现出流动空间的力量。为了避免破坏，村落的社区营造经由参与式设计过程，使流动空间得以草根化，以及经由活的保存过程，再现村落空间形式中地方空间的人与自然的和谐关系。或许，消除了城乡的数字鸿沟，推动人才返乡，促进城乡物流，获得必需的公共服务，有能力区分与评价盈利／市场占有率驱动与公共服务属性的企业社会责任，信息经济里的网络工作者（net-workers），似乎有机会转化为网络社会的网民（netizens）。[10]

注释

1　本文曾经在2016年以《现代建筑师为何"不接地气"？》为题，于乡愁经济学堂、宁波大学、同济大学演讲，以及2017年于泉州古城社造进阶培训演讲、厦门华侨大学演讲。修改后再以《"接地气"问题：致发展中国家的"现代"建筑与规划专业者》为题，于2018年6月15日在武汉华中科技大学演讲。

2　TAFURI M，1980．Theories and History of Architecture．New York: Harper & Row：15．

3　"A bicycle shed is a building; Lincoln Cathedral is a piece of architecture." 这句有名的话引自：PEVSNER N，1943．An Outline of European Architecture．Harmondsworth: Penguin：23．

4　TAFURI M，1976．Architecture and Utopia: Design and Capitalist Development．Cambridge, Massachusetts: The MIT Press：3．(Italian Original 1973)

5　作为社会建筑论述建构的代表之一，可以参考：HATCH R，1984．The Scope of Social Architecture．New York: Van Nostrand Reinhold．

6　童寯，1997．东南园墅．北京：中国建筑工业出版社：49-50．转引自：史文娟，2016．明末清初南京园林研究．南京大学建筑与城市规划学院博士论文：5．

7　参考：乔健、王怀民，主编，2014．黄土文明中的城市与文化发展——介休范例．这是2012年9月1-5日在山西介休会议的出版物，请参考乔健、夏铸九、横山广子的主题演讲。

8　LEFEBVRE H，1991．The Production of Space．Oxford: Blackwell：59．(French Original 1974, 1984)

9　CASTELLS M，2000．End of Millennium．2nd edition．New York: Blackwell．

10　可以参考：李孜，2016．农村店商崛起：从县域电商服务到再现城镇化．北京：电子工业出版社．

字词与图绘 · 论述形构
与草皮 · 实践的力量

对建筑教育的意义[1]

引言

　　阿德里安 · 福蒂（Adrian Forty）的《词语与建筑物：现代建筑的语汇》中译本在2018年出版[2]，可以说为当前建筑学院反思与论述重建提供了一本必须精读的基础书籍。1968年之后西方学院的思想革命与范式转移，在20世纪80年代推动了历史与理论领域的反思，在各出版物上均可见其展现。[3]对思考历史的特殊方式（particular modes of historical thinking）提出了一些重要的发问，质疑其潜藏的方法论假设，如：他们认为历史的哲学概念（philosophical conceptions of history）为何？他们的历史分类范畴（categories of historical classification）为何？他们的编年断代范畴（categories of chronological periodization）为何？他们的风格断代范畴（categories of stylistic periodization）为何？他们认为文化运动可以推动历史改变吗，譬如说现代运动？他们理解形式与风格的概念（the concepts of form and style）之方式为何？他们对形式与社会生活关系（the relationship between form and social life）的看法为何？他们的历史写作空间生产（the production of spaces of historical writings）的不同产品类型为何？同时，围绕着曼弗雷多·塔夫里的著作与思想形成了辩论，在20世纪80年代英语世界的理论与历史领域，对有反省力的学院里的年轻师生造成了巨大的冲击。

至于社会变动催动的建筑史家最重要的知识成果，表现在对西欧建筑史的论述建构过程的历史检视，学院体制的既得权力者，如尼古拉斯·佩夫斯纳（Nikolaus Pevsner）历史写作建立的权威性观点受到了质疑。[4]

福蒂的这本书，可以被视为是到了2000年左右，英语世界建筑学院里对建筑论述（discourse of architecture）本身的反省性著作之一。[5]阿德里安·福蒂为伦敦大学学院巴雷特建筑学院建筑史教授，本书以英语世界的建筑师专业与建筑学院为主要对象，反省现代建筑（modern architecture）的语言与建筑物。经由福蒂此书提供的思考起点，本文以字词与图绘作为建筑论述形构的主要元素，阐述论述的权力与草皮作为其权力空间的再现，并且期待在解除建筑的神话之后，对空间实践造成社会解放力量，而不只是全球信息化的流动空间支配。寰宇主义的权力精英躲避在门禁社区后，无视于无边无际无国界存在的分裂城市，解构主义哲学家雅克·德里达（Jacques Derrida）称之为哲学堕落，即哲学家们自限于西方哲学的象牙塔中自娱自乐，无能回应现实问题[6]，而建筑评论的文化精英则耽溺于建筑哲学自我建构的自主性废墟（the ruins of autonomy），以为解构了一切，质疑结构内在秩序，玩弄语言自主性的思考游戏。

字词与图绘的构造

面对当前的建筑学院由一个专业学院（professional school）朝向研究取向的学术性学科（academic discipline）扩展时，亟欲具备比较健全的建筑学博士学程的教学要求，研究方法与方法论的训练，是培育研究取向的研究者具备独立深思能力的重要向度之一。[7]

　　建筑的学术性论文写作与历史写作（historical writing）的论述空间，主要由字词、词语（words）与图绘（drawing），也就是言词与视觉题材（verbal and visual matters）构造，这是现代建筑师作为一个现代专业者建筑论述建构的特殊性。他在文艺复兴后浮现，主导欧洲建筑的古典传统即发展出一套自己的术语，18世纪启蒙主义后逐步成形；18世纪晚期这套语言已经发展得相当成熟，历经营造技术分化与专业分工，历史地与制度地形构，公共工程的工程师与建筑师分离，超过了古典建筑社会等级制的再现，19世纪时建筑已经被用作社会规范与文明秩序的工具。[8]譬如圆形监狱（Panopticon）所再现的杰里米·边沁（Jeremy Bentham）所相信的一种钟表般的规律感，也就成为西方资产阶级美学观的完美秩序再现，这就是西方建筑论述建构的特殊性所在。

　　与建筑师专业发展密切相关，建筑史要想建构为一个自主的学科，则必须有能力质疑建筑史方法论上的工具，建筑史本身的意识形态预设，尤其是其黑格尔艺术史系谱下建筑史写作的工具，必须有系统地讨论这些工具，重新建构认识论的基础。

　　前者，在言词的部分，包括了理论干预、概念建构（形式、风格、空间、结构－构造－建构、类型/模式、图像）、字典、关键词、文集（文选与读本）、史料、客观的文本与译本问题等等；而后者，阿德里安·福蒂指出，"设计"（design）一词的意大利字源（disegno）意思就是绘图（drawing），17世纪时design一词在英语中通常指涉建筑师画的图，"草图与设计"（draft and design）两者就是等同物。[9]在20世纪现代建筑学院中经常伴随设计学院教育机构，几成其自然附属物的就是视觉艺术中心，也可以看作是建筑与艺术教育分化前身上存留的活化石。因此，在视觉的部分，包括了建筑摄影、照片、各种图绘（尤其是建筑师的速写）、影片、航拍图、无人机等的可视化再现。

　　它们二者共同组织的论述构造，在当前资本主义社会理论与实践的精神分裂状态下，历史与理论身处危机，同时伴随着范式转移下学院里的百花齐放与学科间的异花受精，这是再理论化建筑与城市的历史时势。

　　尤其是词语，对严格定义下的"建筑理论"的重构而言，在知识论层次也就是"概念"建构上，它是"理论建构"的基本元素，已跨过专业习用的描述层次，在分析层次再现了潜藏的"疑旨"或"发问方式"。这是认识论批判的第一步。

　　思想革命与范式转移可以表现在关键词（keywords）的争论上，最有名的例子莫过于大卫·哈维1971年在美国地理学家协会波士顿会议上提出的观点，他直接指陈卡尔·马克思对剩余价值的"价值"发问。正是这种理论抽象，认识这种事实使全部经济学发生了革命，并为知道怎样使用它的人提供了理解整个资本主义生产的钥匙。[10]

这样，不只是了解一个实证主义地理学者的政治立场与认识论转变的知识动力，也使我们有能力分析建筑专业面对的问题，即，不但有能力分析技术分化过程中营造工匠与设计专业者分工的历史过程，资本增值、竞争激烈、技术创新、房屋工业化带来建成环境巨变，以及伴随空间商品化后异化空间（alienated space）产生的结构性原因；而且有能力认识到农民进城"成为劳工"，进入商品生产与价值形式的转变过程，之后在劳动力再生产过程中身份改变"成为市民"，与之相对应的，作为住宅消费者与其他都市服务——医疗、教育、交通、公共空间等使用价值实现的必要性，以及地方政府的公共政策角色，这样，也就不会将冷酷的社会达尔文主义视为"自然"的规律，使得消费不足，幸福感难求，社会正义丧失，城镇空间整体性于是消亡。因此，如何理论化"空间"，这个概念界定与意义的竞争，我们就留在后面讨论，且按下不表。

对历史与理论领域而言，认识建筑史论述的历史形构是必须思考的课题。由建筑史的角度思考我们自身的现实困境：现代建筑是在什么脉络下在近代亚洲营造的？现代建筑论述又是如何制度性地建构起来的？以及，面对当前全球信息化趋势下建筑与规划教育的范式转移，亚洲的建筑教育乃至于建筑史教育，又要如何因应呢？

因此，对于当前成立的一些研究中心，研究角度上的认识论反思更是必要的。我曾经在东南大学亚洲建筑研究中心成立暨国际学术研讨会上提醒方法论之重建，部分论点可以再次强调：[11]

建筑论述的形构是权力的草皮与领地

因为面对西欧中心的建筑论述，亚洲建筑的研究并非中性文字的写作，而是一种价值观的竞争，这是权力的草皮（turf）与领地（territory）[12]，也是一种论述空间（discursive space，或称representations of space）的争夺，对当前中国所面对的全球形势而言，它关系着领导权的计划（hegemonic project）。[13]首先，宜避免东方／西方、中国／西方、传统／现代这种二元对立的封闭的民族主义论述，要避免将西方现代化论述照单全收，将经济发展、工业化、都市化、现代化、西化视为等同的产物。[14]

其次，权力的草皮与领地争夺的核心直接指涉对建筑定义的本体论质疑，我们先讨论现代主义写作语言中的"设计本体存在"（design entity），然后再讨论全球巨变下的都市现实。

阿德里安·福蒂十分敏锐地捕捉到现代主义历史写作中的语言建构的核心，经由一系列抽象进行批评写作，处理所见（seeing）与理解（understanding）之间的唯心主义抽象。他引用了现代主义经典文本——埃德蒙·培根（Edmund Bacon）的《城市设计》（*Design of Cities*），此书中提及意大利中世纪城镇托迪（Todi）中心的两个相互穿套的广场设计，较小的广场中心矗立着19世纪意大利民族独立英雄朱塞佩·加里波第（Giuseppe Garibaldi）的雕像。福蒂直接引述培根的文字：

"俯视着绵延起伏的翁布里亚平原，将乡村的精神引入城市中……它被构想为一个一角与中央广场人民宫主体搭接的空间，从而建立起两个广场共享的一个小的空间容积（volume of space），具有非同寻常的强度和冲击力。人民宫的塔楼和执行宫塔楼位于这个抽象限定的空间两侧，形成了垂直方向的力，控制住设计上强度最大的两个角部……代表公共生活两项主要职能/功能的建筑物的位置，在平面和垂直关系的设计中都做出了明确的界定。人民宫和教堂的入口被抬到高于公共广场水平面的同一个高度上，经由一段大台阶出入。其总体设计的单纯性，以至于当市民在行使他作为教会的成员或政治团体的成员的职能/功能时，从来不会感到他失去了与城市这个设计本体存在的关系。"

其实福蒂在书中也提出了他对培根写作中触及的广场建造者"设计"意图的怀疑，只是他搁置了怀疑，并未追究下去。[15]可是，这部分的质疑是必要的，直接关系着福蒂在下文继续追究的现代主义设计语言的有效性，值得深究。

首先，作为一位现代建筑与都市设计的强大的形式主义者，培根的这种现代主义批评是去历史的书写。广场建造者的"设计"意图牢牢关系着对空间的认识，西方经验中的中世纪空间如托迪，本身拥有的是定位的空间（space of emplacement），存在着层级性的地方整体，事物有其自然基础和稳定性，即神圣地方/凡俗地方、围护地方/开放地方、城市地方/乡村地方的二元关系，构成完整的层级、对立与地方的交错。到了17世纪，伽利略的科学实验与望远镜的发明，打破了中世纪的神学与自然观，地方（地点）除了是移动中的一点之外，再没有任何意义。对无穷远的想象欲望，使得延伸（extension）自此取代了地域化（localization）。[16]视觉延伸的空间欲望终于打开了托迪山城的封闭空间，武装捍卫罗马国的朱塞佩·加里波第不可能出现在中世纪内向包被的广场，他的雕像俯视绵延起伏的翁布里亚平原，将四周乡村的精神引入城市之中，基本上就是17世纪之后，19世纪空间经验的再现。

培根的现代主义批评写作中对待设计的语言，一如凯文·林奇讨论空间形式的理论角度时对柯林·罗这类当代建筑师形式主义取向的重口气批判，认为那是被时髦观点吸引，玩弄符号做出的半吊子作品，试图利用那些符号使他们的作品显得有深度。而这种秘传游戏（an eso-teric game），风潮过后就失去了意义。[17]

这种现代主义批评的去历史的书写造成的问题，同样发生在刘易斯·芒福德（Lewis Mumford）对意大利南托斯卡纳山丘城镇、中世纪的锡耶纳（Siena）城市形式的"错误阅读"上。芒福德以为锡耶纳是"有机计划（organic plan）的美学与工程的优越性明证"[18]，然而史毕罗·考斯多夫在调查了锡耶纳起源与成长的历史之后却指出：锡耶纳是被迫采取的形状，它的城市形式是中世纪都市规划与设计（medieval urbanism）最高度严格管制的设计。[19]产生这种对过去建筑的错误阅读的根源，在于现代建筑思想上的肤浅与理论上的不适当。

前述的几个例子表现了现代建筑思想上的肤浅所造就的语言的不毛之地，在于其使用的批评准则正是现代建筑师设计操作技能与其价值观的再现。这就是曼弗雷多·塔夫里指出的操作式批评（operative criticism）的问题，而不是历史研究的分析过程——这是一种建筑师在既定社会结构与权力结构中再生产其意识形态的支配性工具，所以再现的正是现代建筑师专业上的思想贫困。

其次，这种现代主义批评是理论抽象的不适当。阿德里安·福蒂在书中仔细地引用培根对托迪城市中心广场"设计"的文字（前文引文），表明其重点。福蒂质问："城市是一个设计本体存在，为什么要将每一个实体（substance）描述成空洞抽象（empty abstraction）？"这是由于"培根不满足于眼前之物，不愿意只是描述它们。他的目的是揭示隐藏在客体表面的流动下看不见的秩序"。福蒂计算了引用文字中"不下五次使用了'设计'这个唯心主义、观念化、理念化的词，彻底透露了培根对无能直接感知的迷恋"。[20]设计正是现代建筑师想去揭示作品的灵魂，然而它却是一个只看得到黑格尔唯心主义"理念"的世界；设计本体存在于表面流动下的语言，是一种去除了社会的"设计结构"的抽象；即使描述了托迪城市中心的空间功能与空间形式的关系，却没有能力去解释它看不到的"意义"，去理解在结构性条件下充满社会冲突的主体意义之赋与。与前述马克思资本论写作对商品的具体抽象而产生的"剩余价值"对比，甚至，与我们自身文化里对自然运行体悟后浓缩的语言符号——如"阴阳""四时"对照，现代建筑师设计本体存在的具体抽象，竟然是"设计结构""观念"，或是相较建筑实体部分多余的

"语言"。所以，这被视为是在处理"看到"与"理解"之间的关系时，没有什么可以当真的关系的"符号秘术"与"操作性价值观"。其实，这些是现代设计专业语言的"空间再现"，我们会在最后针对"空间"的关键词讨论时进一步深究它在现实中的作用。

另一方面，阿德里安·福蒂很犀利地指出：很不幸，在20世纪的现实里，设计已经逐渐成为现代建筑学院中建筑教育的"原理"，不再是"实践"，而是一种完全去物质化的、脑力活动的艺术；学生在训练中生产的不再是"建筑"，不是通过体验而习得的建筑能力，而是"图"，通常被称为"设计"。于是，"将建筑视为参与物质世界的一种实践"，与"将建筑视为一种思维的产物"，这两者被真正分离。[21]

此外，在资本主义的技术分化与专业分工的过程中，从18世纪早期起，设计就成为经济竞争的手段了。不论是在19世纪40年代的英国，还是20世纪初的德国，抑或是20世纪80年代的英国、日本以及美国，它都是经济竞争力的一种表现方式。

甚至于，在经济全球化过程中，学院里有竞争力的商学院与工学院结合的D-School计划，高端制造业技术升级，提高设计水平，增加商品体验，作为保证经济竞争力的一种教育升级，这是区域优势与品牌创造的利润所在，另一方面也是品味建构的社会区分（social distinction）。[22]在同样的全球竞争脉络里，这就是2010年以后，决心从无设计、廉价代工、环境破坏等新国际分工条件下转向"中国制造2025"战略的中国，却因此引发了中美贸易战争与发展中国家技术依赖的国际政治经济现实。[23]

面对当前都市现实的伟大悖论，质疑西方资产阶级建筑的定义，
必须扩充建筑的范畴，急需建筑"解秘"，解除神话

前面已经提及，建筑是西欧文化所孕育的营造艺术范畴，在15世纪文艺复兴时期现代所认知的建筑师角色才开始浮现。到了18世纪建筑，成为美术的一支，以审美价值区分建筑与营造。到了20世纪初，由建筑史家所定义的大写的现代运动（Modern Movement）鼓吹开道[24]，阿德里安·福蒂开宗明义地指陈，现代建筑已经不仅是代表了一种风格、一种新的空间的文化形式，而且创造了一种与以往不同的谈论建筑的方式，可以由一套特殊的语汇识别出来。[25]一直到20世纪最后30年，这套独特的语言所表征的美学观与机器的隐喻，才在灵活资本、弹性积累、去工业化、金融全球化所形构的时空压缩力量与流动空间加速，现代性（modernity）本

身带来的都市破坏与文化断裂之下动摇。[26]福蒂说得很清楚,在米歇尔·福柯与亨利·列斐伏尔的写作之后,我们再也不能天真地谈论建筑中的"秩序"了。[27]其实,何止是秩序,形式、空间、设计、结构,这几个现代主义建筑论述中的重要语汇都要仔细审视。

今天,21世纪信息技术革命一再改变了我们的经验方式,流动空间(space of flows)使得建筑就是媒体,真实虚拟的文化,虚拟空间是传播、沟通整合力量的空间再现,这是空间意义竞争的领域。我们在纽约拉瓜迪亚机场里可以看到"绝大多数人低着头,忙着网游,因为候机大厅的休息区、餐厅、咖啡吧、酒吧都提供了可以免费上网的iPad。等待登机的旅客忙着收发邮件、上脸书、查询目的地信息,沉醉在网络世界"。作为全球越界流动的门户却更显孤寂的国际枢纽机场里,建筑太沉重,早已被抛诸脑后,后建筑时代里,天涯若比邻也。[28]

至于面对当前都市现实的伟大悖论——不用说建筑研究者的反应了,全球信息化年代中国的都市现实又再次将全世界学院里的都市研究者——包括西方的与中国自己学院里的研究者及专业者——远远抛在了后头,这不仅是因为其规模、幅员以及转变速度惊人,更是由于这是一个人类历史上从前没有发生过的网络都市化(network urbanization)经验。从1980年起纳入全球经济,网络都市化塑造的都市现实,21世纪都市中国(urbanizing China)面对着伟大悖论:都市化升级与没有市民的城市。这种似非而是的悖论空间与社会的再现,是一系列社会经济矛盾叠加的空间结果。

一方面,都市化升级,区域差距扩大。20世纪80年代开始浮现的珠三角、90年代开始浮现的长三角、2000年以后浮现的京津冀,它们是最主要的都会区域代表,也是两亿多农民工形成的巨大劳动市场,工业生产体系因此取得了巨大进步。2017年中国国内生产总值总量世界第二,已达美国的63%,成为拉动世界经济的主要引擎(注意:2017年美国的人均国内生产总值是中国的7倍;若依照国内生产总值总量的简单计算,中国超过美国约在2030年,然而若按人均国内生产总值计算,却要到2060年),水泥、钢铁、铜的消耗量高居世界第一。建设资金大部分来自债务,债务增长在2007—2015年翻了两番,2016年负债总额占国内生产总值250%;尤其是2011—2013年之间,中国消耗了65亿吨水泥,比美国在整个20世纪的水泥消耗量还多出近45%。因此,引用大卫·哈维的话,2007—2008年的美国金融危机,正是"中国救了美国"。[29]换句话说,中国是全球资本主义的最后边疆。

另一方面,网络化的都市化过程中浮现的"没有市民的城市",也是全球信息化资本主义下新都市问题的警讯。国内生产总值虽高却未能藏富于民,低价劳动、血汗成本、外销导向，技不如人，苦苦追赶。产能过剩，内销市场弱，劳动力再生产的住、教、医、老等集体消费（collective consumption）不足，都市生活居住不易，房地产是内需最大动力与地方财政最大收入。而人均收入差距扩大，前10%的人口坐拥70%的财富，基尼指数远高于国际一般标准；工薪家庭85%信贷买房，四亿房奴，九亿还无能为奴。[30]都会区内部空间隔离，社会碎片化，使得两极城市与分裂城市容易发酵，低端人口被排除，都市空间遂逐步沦为一个不友善的城市。

若是不再对西方现代化论述中都市化西方中心主义成见照单全收，就会发现，前述的悖论空间与社会，正是大规模、急遽升级的资本主义都市与区域，都市积累与不平衡的区域差距形成，这是造成市民都市生活压力巨大的都市成长模型。其中，国家（state）政策是关键力量，发展性的地方政府（developmental local governments）/企业主义角色突显。

一方面，在经济增长、城乡移民、都市与基础建设大幅投资趋势下，都会区域（城市群）作为都会网络的节点，创新氛围是竞争优势的要害，朝向技术升级、产业转型、高质量发展，地方政府更是展开抢人大战。另一方面，地方债务增长，生态破坏（空气、水、土壤的污染，地层下陷、塑料污染等）与环境降级（垃圾遍地、交通恶化等），没有市民的城市、鬼城、伴随逃离的终将被放弃的家乡、留守儿童、空心村同时浮现。

于是，房地产投机泡沫化压力日增，城市空间开始士绅化。抑或是，提升消费，争取都市服务、都市空间使用价值的实现，这是诉诸市民城市的价值，朝向接纳与包容性的开放城市，以及，城市的重建？[31]那么，作为规划与设计的专业者，面对当前都市中国的伟大悖论，市民都市生活压力巨大的都市成长模型，这样急切的都市现实迫使我们必须重构既有的知识结构与专业惯行，从而提出都会治理与摸索生活空间的彻底改善之道。[32]必须面对现实，不然，我们专业者，包括建筑师与规划师，难道是与现实无关紧要的行当？

再来，回身继续追问：至于扩充建筑范畴，建筑"解秘"，解除神话——面对全球信息化资本主义的压力，让我们在流动空间作为信息社会的支配性空间形式的逻辑下继续追问萦绕在建筑师心中的老问题：建筑经常隐藏了美学的成见，然而，建筑师表现什么？建筑再现了什么？建筑的象征意义为何？这在今天是最有争议的关键问题，而建筑师自己实难置喙。

语言写作的出路不在于建筑批评、操作式批评，这是在社会中与建筑师结构性共谋的建筑评论家在担当意识形态鼓吹者的角色。然而也不能乞灵于对建筑形式有恋物癖观点的建筑师个人的设计哲学（这也是他理解的"建筑理论"），即便他们是坐在大都会——特别是纽约——

的安乐椅中，号称能以写作文字的语言秘术对抗权力。这些建筑师经常导致了严重的后果却不自知，使人们误以为，任何社会或经济问题都可以由建筑师凭着足可感动自己的优越姿态与知识身段，提供一个先锋派建筑形式的美学与设计技术的解决方案。[33]

意义竞争的根源仍然在于利益与权力。建筑尤其关系着特定的历史与社会对空间意义的象征性表现，它是空间之诗，是不以语言、而以空间意象表现的诗，它会吸引社会注意，所以值得"解秘"和去神圣化。这正是建筑史家的任务，相对于习见的建筑专业实践，本身具有自主性的建筑史论述实践中的移植、抵抗与反省轨迹，这是论述的与写作的空间（writing spaces），也是空间的表征与再现（representations of space），这正是历史研究相对于建筑师的自主性建构。

建筑其实是社会深层趋势经过中介的表现，那些趋势没有条件公开宣扬，却又强大到足以模铸在恒久的建筑材料里，成为在居住、交易买卖，或是象征、仪式化的人的意象与感知里的空间的文化形式。建成环境作为表意作用的符码，可以感觉到、看到、知道社会支配性价值的基本结构。然而，全球信息化资本主义的流动空间来临，模糊了建筑与社会间的有意义关系。支配性利益的空间展现遍及全球，跨越地域的文化，拔除了作为意义的经验、历史、文化，导向一种非历史、非文化的流行建筑。后现代建筑，再现的是新的支配性意识形态，是历史的终结。"技术"与"文化"之间畸形脱离，流动空间的建筑看似解除了文化的符码，暗藏的其实是逃离有历史根源的社会。[34]

在历史研究的自主性建构之后，
摸索设计规划的知识关系重建

在历史研究之外，我们面对专业教育的设计教学的实习课程。现代规划与设计实践的出路在于专业者的角色如何放下自我，与使用者、社区、地方的社会相互联系。阿德里安·福蒂说得对，很可惜，现代建筑与规划专业没有发展出专业语言来面对空间与社会、公共与私密、社区共同体、都市性，[35]除了少数由社区设计中发展出来的语汇之外，如模式（patterns）或设计模型（design models）与原型（prototypes）。[36]即使空间形式不可化约，这些是空间再现的媒介，重点是过程，不在于物（东西、客体是媒介），关键是人，人的改变，由自在的社区到自为的社区，市民的诞生。经济就是得经世济民，发展的结果要能富民，规划与设计过程要能赋力于民。

在这个时候，我们可以面对作为关键词的"空间"。在马克思主义转向之后的第一本著作中，大卫·哈维就朝向空间实践的理论建构：空间性质的哲学问题没有哲学上的答案，答案存在于人类的实践中。[37]对建筑与城市的本体论发问，必须被替代为不同的人类实践如何创造与使用不同概念化的空间，这个特定社会过程为建筑与城市赋予社会意义的认识论发问方式。面对英语世界的专业者，阿德里安·福蒂说明，空间作为一种建筑范畴，起源要追朔到德语世界的"Raum"，既表示物质的围合（enclosure），又再现了哲学的概念；既表示"房间"，又属于外部，都市规划与设计是遵循艺术原则的"空间的艺术"（Raumkunst）[38]；既来自德意志美学"移情"（empathy）指涉的美感经验，又联系上马丁·海德格尔（Martin Heidegger）关心地方（place）的"空间感"。[39]

可是远不止于此。面对法国新马克思主义者对空间的界定，受限于英国经验主义知识牢笼的架构，空间经常被认为是既定的实质物理空间（space as a physical given），而不是特定历史地建构的社会关系（not as a certain historically-constituted social relation）。[40]由于空间不只是先于，以及在社会之外存在的某物，而且是为社会所生产的某物，所以，空间就是社会。这里不是指空间是社会的逻辑等同，而是指空间是社会的具体化，是其形式上的构成。[41]

至于必须面对的，当前最有影响力的空间理论，亨利·列斐伏尔的《空间的生产》（The Production of Space）一书对建筑空间（architectural space）与建筑师的空间（space of architect）做出了理论区分。列斐伏尔的空间理论包含了三种不同层次的空间，从天然原初的、自然的空间（即绝对空间，absolute space）到更复杂的空间性，意味着社会性生产的社会空间（social space）。尤其是建筑师与都市规划设计师的空间，受制于社会或生产关系及其施加的秩序、符号、法令等的支配性空间的言词符号系统，为专业论述的空间操作左右，是必须被批判的空间表征与再现。[42]

重要的是空间化，或者说，空间生产的不同方式，对列斐伏尔而言，"社会空间"理论的重要性，在于其辩证之三重性：

第一，空间实践，主要就空间知觉的感知性（perception；le perçu）层面，指涉外部的、物质的、能够感知的物理环境。具有经验上可以度量的客观性与物质性，也就是一般实证主义所立基之认识论基础，并透过空间资料模型化、量化及数学化进行描述。

第二，空间再现，主要强调空间之构思性（conception；le conçu），指涉的是借以指引实践的概念模型，也包括对时间的空间想象。指涉的是概念化的空间，也就是科学家、规划者、都市主义者、专业技术官僚与社会工程师再现的空间。他们认定什么是生活的、什么是感知的以及什么是构想的。这种空间是任何社会（或生产方式）的支配空间，空间概念演变是一个言词符号系统，因此是依赖知识而生产出来的，受制于生产关系与其所施加之秩序，包括知识、符号、法令等。

第三，再现空间，强调空间的生活经验性（life experience；le vécu）层面，指涉的是使用者与环境之间互动而产生的社会关系。空间经历过其相关意象与象征，成为居住者与使用者的空间。这是想象力想去改变与挪用的受支配与被动经验之空间，覆盖实质空间，对其进行象征性利用。因而再现空间，虽然有些例外，可以说多少属于非言词象征与符号之连贯体系。

总之，针对感知、构思与生活，或称空间实践、空间再现、再现空间这三者的复杂关系，宜将其相互联系，才能在三者的关系间转换思考，不易感到困惑。

作为一位马克思主义理论家，列斐伏尔认为空间是社会的产物，或者说，空间的多重性是在社会实践中社会地生产出来的，集中了空间生产过程中的矛盾、冲突以及最后的政治的特性。这就是说，空间的社会生产，被领导权阶级控制为一种再生产其支配性的工具。他指出："（社会）空间是一（社会）产物。"空间生产也被作为思想与行动的工具，在生产工具之外，也是控制工具，所以是支配、是权力的工具。"空间里弥漫着社会关系，空间不仅被社会关系支持，也生产社会关系以及被社会关系生产"。

首先，（实质）自然在消失中，虽然自然还是各社会过程的共同起点、源头与背景，但现在已经沦为社会系统的各种生产力塑造其特定空间之原料，自然已经被征服了。

其次，每个社会，更准确地说是各种生产方式，均会生产一种属于它专有的特定空间。古代世界的城市不能被当作是一种人与物在空间中的单纯集合体——它有其自身的空间实践，创造其自身的空间，适合其自身。列斐伏尔论证，古代世界城市的知识局面与思潮是紧密关系着其空间性的社会生产。那么每一个社会生产其自身的空间，任何"社会存在"都向往与宣称其自身为真实，若不是生产其自身的空间，会是一个奇怪的存在体，一种不能逃离意识形态，或者甚至是文化领域的十分罕见的抽象。

基于这一论点，列斐伏尔批评苏联的都市规划师未能生产社会主义的空间，而仅再生产现代主义模型的都市设计。这点批判十分关键。因为这仅仅是实质物理空间的干预手段，而没有能充分掌握社会空间，将其应用在当时现实的都市脉络之上："改变生活！改变社会！若未生产适当的空间，这些构想就完全失去了它们的意义。由20世纪20年代到30年代苏联构成主义者及其失败的教训是，新的社会关系要求一种新的空间，反之亦然。"[43]

通过前述对空间作为关键词的理论反思可以认识到，由于体现了认识空间根本性质上的改变，实践哲学展示出不只是哲学的出路，还体现了它的根本性质，这就是空间实践的强大力量。列斐伏尔理论区分了建筑空间与建筑师的空间，针对后者，我们在最后得以反思专业教育的设计教学的实习课程，尤其是设计教学模型的内部冲突。建筑与规划作为专业的建构，其实专业学院并没有知识条件生产出设计理论与规划理论，与其称其为"理论"，不如面对真实情境，组织设计教学核心的其实是"设计哲学"。

由于欧洲的社会剧变，19世纪末现代建筑师的政治倾向多为社会主义，关心工人阶级的住宅问题几乎被视为专业者与生俱来的天职，以乌托邦的想象改造如同罪恶渊薮的资本主义城市也是其理想所在。在建筑师空间的专业训练里，去政治的设计实践思维使他们没有能力看到并理解建筑师专业与其价值，如列斐伏尔所述，空间是领导权建构的一部分，被领导权阶级控制为一种再生产其支配性的工具。

现代主义模型的建筑设计，由欧洲的先锋派艺术、德国的包豪斯，到美国的哈佛、瓦尔特·格罗皮乌斯所代表的设计哲学，完全实质物理空间的干预，去历史的实践思维，成功排除了巴黎美术学院古典建筑语汇所再现的资产阶级上层精英美学品味，完成了现代主义的建筑革命。而巴黎美院在美国的学院移植，主要是宾州大学到耶鲁的巴黎美院学院轴线。

在现代建筑学院的战场上，普林斯顿大学校园研究生院里没有被完全清扫的巴黎美院角落，依循巴黎美术学院教学法的尚·拉伯度（Jean Labatut）及其弟子们，终于在20世纪70年代，包括罗伯特·文丘里在内的这些后现代主义者们确实曾经造成百花齐放的盛景，几所美国建筑学院的主导者竟然同时被普林斯顿的毕业生接掌，可谓后现代文化运动里的设计复仇。除了可见的建筑设计表现与耶鲁到宾大的学院对抗轴线之外，查尔斯·摩尔（Charles Moore）在学生抗议建筑与艺术学院大楼的过程中（1965年）接掌耶鲁建筑学院院长，他主导耶鲁大学建筑学院教育后最主要的教学任务之一，就是在研究生的入门设计教学中采用《人体、记忆与建筑》（Body, Memory, and Architecture）为教材，全面取代了现代建筑的设计哲学与包豪斯基本设计教育的美学教条。[44]于是乡土建筑、地方社区、流行的大众文化、少数民族的文化体验、记忆、地方感与时间感、反对房地产主导的都市更新、运用设计类型与模式，以感觉形式（sensuous form）处理空间形式，对意义再三致意，不但与麻省理工学院凯文·林奇对城市设计的努力相互呼应[45]，更联系上加州西海岸，向享用欢愉、包容亚洲文化的另类设计实践接枝。这种建筑设计倾向，不但连接上巴黎美术学院在加州的移植，如伯纳德·梅白克（Bernard Maybeck）与朱莉雅·摩根（Julia Morgan）的遗产，也与20世纪60年代末到70年代末加州反文化的退隐营造者非正式营造活动——被称为"法外的营造者"——相呼应。[46]这类混质与混搭的价值倾向可以说经由建筑设计，在文化层面上"软化了"现代建筑纯粹性的生冷无情。之后，再加上克里斯蒂安·诺伯-舒尔茨（Christian Norberg-Schulz）与肯尼斯·弗兰姆普敦的历史写作，就被称为是后现代建筑崛起，潜藏在建筑形式表面的"灰"与"白"之争的底层，有意识地对抗启蒙主义支持的二元对立的客体，现代主义理性模型以及笛卡尔主义抽象而绝对的空间，躲进麦卡锡主义的政治暗影，在认识论思想上由拉伯度、摩尔、诺伯-舒尔茨、弗兰姆普敦一线相牵，构成建筑领域里的"现象学转型"。[47]同样的专业入门设计教学转型，加州大学伯克利分校在人与环境研究（譬如说，用后评估中使用者对建筑实际使用后的反馈的社会科学调研）与反省性的设计取向上，也有了相当程度的突破。与社区设计与参与式设计合流，以使用者为存在中心的情境（scenario）、使用者能参与讨论的1/20研究模型与图解等，模式的观察、建构及应用，设计的中心化过程（centering process）与《模式语言》（A Pattern Language）的使用，[48]可以说是社会建筑（social architecture）在设计实践上的最佳表现。[49]

至于后现代主义建筑最后联系上意大利的后现代主义历史研究与设计、规划的知识关系，不在于以设计过程与方法联系起空间形式的语言，并作为象征沟通的工具，比如说，以历史类型学联系历史分析与设计方法，坦白说其实与马克思主义的认识论关系不大，仍然是唯心论艺术史的黑格尔假设的哲学遗存。[50]

更有意思的是站在他们对立面的现代主义排除历史形式的设计哲学的发展。虽然包豪斯的做法与形式，已经很难满足重视产品包装形象的资本主义消费社会的美国，即使现代主义大师们的杰出学生其实都难免转变成为形式的给予者（form giver）。"没有自为（for itself）并且自在（in itself）的形式，将形式作为目标是形式主义；这是我们拒绝的。我们也不追求某种风格。"[51]确实，对格罗皮乌斯与密斯而言，他们并不是形式主义者，至少是有此自觉。

然而，纽约五人组（The New York Five）等建筑师在20世纪70年代的作品，却展现为更为保守、更排除了人与记忆及地方的纯粹派设计实践。其中以约翰·海杜克（John Hejuk）为代表的库珀联盟（Cooper Union）、德州骑警（Texas Rangers）追求建筑自主性的教学模型方向，其实是一种形式主义倾向。[52]在20世纪70年代末的现实脉络里，竟然显得像是生错时代的勒·柯布西耶的拙劣模仿者，自娱却无能娱人的社会沟通绝缘体，对照美国后现代主义席卷而来的商品大潮，又像是命中注定在废墟里玩弄现代主义形式的孤独者。

朝向明天的建筑与城市重建

前述列斐伏尔对苏联专业者的批评，对建筑与规划专业者而言，此历史教训尤其重要，空间化不能再继续重复支配阶级领导权的社会关系的再生产了，不能再是形式主义移植与创新，而应该是社会空间生产的创新，新的社会关系与新的空间形式并举，新的结构性空间意义要求新的空间功能与新的都市形式的象征表现，或者说，新的"文化的花朵"。克里斯托夫·亚历山大也说："假如你要做一朵活的花，你会种下种子。假如你要设计一朵新的花，你会设计种子，再让它生长。环境的种子就是模式语言。"[53]

若是用加西亚·马尔克斯的小说剧本与场景的凝练作为例子，或许有助于了解与体会空间的象征。相较于欧洲资本主义萌芽后现代小说的主流写作模型——现实主义的建构而言，马尔克斯根植于第三世界国家自身的神奇传说、多重现实、科学与迷信不能分清的魔幻真实，在他的小说里，家族的历史、国家的历史、大地的历史只是一个不断重复的咒语，哥伦比亚历史与真实的生活经验，这里存在着从生活经验里提炼出来的既魔幻又真实的记忆结晶与空间再现。[54]若是再进一步具体化剧本与场景的比较，陈凯歌《妖猫传》里的"唐城"与方士们魔幻再现的空间，李安《卧虎藏龙》在酒馆里、屋顶上、竹林梢头的武打、追逐、较技等，这些剧本与场景的梦幻空间表现，[55]其技术支持来自原来想读清华建筑系未成却先一步进了中央美院的杨占家。他凭着长期的观察、记录、测绘，体会尺度与尺寸，累积与提炼的"模式"与"做法"，练就了计算机绘图也无法替代的真本事，实现了导演们心中的空间与时间想象。[56]

就空间的文化形式这一点的认识，曼弗雷多·塔夫里、罗兰·巴特、米歇尔·福柯、特里·伊格尔顿（Terry Eagleton）、曼纽尔·卡斯特尔、亨利·列斐伏尔之间已经分享了空间作为关键词的理论共识。甚至于，克里斯托夫·亚历山大的设计哲学、凯文·林奇的规划哲学中有关空间形式与社会并举的模式语言及设计原型，主体与客体一元化而非二元对立，也可以在实践的摸索中一以贯之。对建筑与都市模式的历史研究，能够给专业者提供必要的知识。[57]

总之，我们的建筑学院不能是形式主义者的生产基地，我们的专业教育要能接地气，要培养为使用者提供技术服务的专家，而不是高高在上、目中无人、以形式给予者自居的现代大师。面对当前急迫的都市现实压力，提出以市民为中心的都市策略，"成为市民"，帮助实现"能够进入、留在城市里的权利"，重建市民的城市，以社区参与为过程，将社会空间与实质物理空间并举，城市提供了意义竞争的地方，历史写作的光线则提供了规划、设计以至于遗产保存实践的知识联结，经由空间实践，汇合而成社会解放力量，朝向我们明日的建筑与城市。

注释

1　修改前论文为"建筑理论与关键词——2018《新建筑》春季论坛"上的主题发言，《新建筑》杂志社主办，武汉，华中科技大学，2018年6月16日。

2　FORTY A，2000. Words and Buildings. New York: Thames & Hudson. 阿德里安·福蒂，2018. 词语与建筑物：现代建筑的语汇. 李华，等，译. 北京：中国建筑工业出版社.

3　1968年所象征的转变，之后建筑历史与理论在方法论上的反思，在期刊表现上的最适合代表莫过于伦教《建筑设计》的1981年专刊：PORPHYRIOS D ed，1981. Methodology of Architectural History. London: Architectural Design. 至于书籍出版，例如以纽约为中心的东海岸建筑学院里聚集的年轻一代教师组织的读书会与小型研讨会出版物，如：OCKMAN J et al. ed，1985. Architecture Criticism Ideology. Princeton, New Jersey: Princeton Architectural Press.

4　社会变动催动的建筑史家最重要的知识成果可以说来自曼弗雷多·塔夫里与大卫·沃特金（David Watkin）两位，他们分由左右两翼对建筑史写作提出反思，对西欧建筑史的论述建构过程作出历史的检视，见：TAFURI M，1976/1980. Theories and History of Architecture. New York: Harper & Row. (Italian Original 1976)；WATKIN D，1980. The Rise of Architectural History. Chicago: The University of Chicago Press.

5　此外，2000年前完稿，针对建筑、都市设计与规划以及建成环境的相关论述的写作空间，如，Greig Crysler的Writing Spaces: Discourses of Architecture, Urbanism, and the Built Environment, 1960-2000 (纽约Routledge出版，2003年) 也属同一时期出版物的例子。

6　即：本体论、认识论、逻辑学、语言哲学、分析哲学的研究，在思想游戏的象牙塔中自娱自乐，无力回应现实问题，无力对日常生活产生巨大影响。参考：DIANI M, INGRAHAM C, 1989. Restructuring Architectural Theory. Evanston, Illinois: Northwestern University Press.

7　此外，为了扩充基础研究的博士生的知识视野与鼓励学科的跨界知识互动，拓展研究生日后教学与研究的领域，主辅修选课制度与至少两门辅修，是很好的设计。

8　至于作为殖民地的建筑移植经验，如中国台湾的殖民建筑、城市的殖民现代性移植、反殖民建筑与城市的抵抗，以及它的认同扭曲与错乱，可参考：夏铸九，2016. 殖民的现代性营造——重写日本殖民时期台湾建筑与城市的历史 // 异质地方之营造——理论与历史. 台北：唐山出版社：308-337.

9　FORTY A, 2000. Words and Buildings. New York: Thames & Hudson：136. 阿德里安·福蒂, 2018. 词语与建筑物：现代建筑的语汇. 李华，等，译. 北京：中国建筑工业出版社：118.

10　HARVEY D, 2016. The Ways of the World. New York: Oxford University Press：16. 大卫·哈维, 2017. 世界的逻辑. 周大昕, 译. 北京：中信出版集团：10.

11　《方法论的重建——亚洲建筑与城市研究》曾发表于亚洲建筑研究中心成立暨国际学术研讨会，东南大学建筑学院主办，南京，东南大学大礼堂东二楼会议厅，2016年1月19日。

12　以"草皮"(turf)一词象征学院与制度的权力领域，援引自马克思主义历史地理学者大卫·哈维、建筑与城市史学者史毕罗·考斯多夫的观点，见：HARVEY D, 1973/1988. Social Justice and the City. Oxford: Blackwell：24；KOSTOF S, 1986. Cities and Turfs. Design Book Review, No.10：35-39.

13　关于领导权计划，可以参考：夏铸九，2015. 三城记. 香港：香港理工大学：第五章.

14　这是认识第三世界国家都市化过程的分析性谬误，见：夏铸九，2015. 窥见魔鬼的容颜. 台北：唐山出版社：594.

15　以上引文见：阿德里安·福蒂，2018. 词语与建筑物：现代建筑的语汇. 李华，等，译. 北京：中国建筑工业出版社：13.

16　Foucault, Michel (1986), "Of Other Spaces". Diacritics, Vol.16, No.1, Spring, pp.22-27. (French Original 1967)

17　林奇对柯林·罗的严肃批评，见：LYNCH K, 1981. Good City Form. Cambridge, Massachusetts: The MIT Press：141.

18　MUMFORD L, 1961. The City in History. New York: Harcourt Brace & World：423.

19　KOSTOF S, 1982. Urbanism and Polity: Medieval Siena in Context // International Laboratory for Architecture and Urban Design Yearbook. 66-73. 同样可见于：KOSTOF S, 1991. The City Shaped: Urban Patterns and Meanings Through History. London: Thames and Hudson：10.

20　阿德里安·福蒂：《词语与建筑物：现代建筑的语汇》，第13页。

21　阿德里安·福蒂：《词语与建筑物：现代建筑的语汇》，第120页。

22　阿德里安·福蒂：《词语与建筑物：现代建筑的语汇》，第122-123页。

23　这里值得补充说明，中国是个有其特殊性的发展中国家，也是经济发展上的追赶者，中美贸易战争让我们看到，在综合国力上，中美两国差距约50年。统筹贸易战争的经济学家彼得·纳瓦罗(Peter Navarro)与克雷格·奥特瑞(Greg Autry)的著作《致命中国》(Death by China: Confronting the Dragon — A Global Call to Action)也值得注意。对于全球经济中先进技术的竞争，特别是在信息技术、航空航天、电动汽车、生物工程等领域的技术进步，美国白宫经济顾问委员会前主席、美国加州大学伯克利分校的经济学教授劳拉·泰森(Laura Tyson)指出了问题的核心：美国半导体行业能否抵挡中国的挑战，并不取决于能否成功遏止中国的进步，而在于美国自身是否能保持和支持美国公司的创新能力，在政策上包括降低企业税、增加基础研发投入、提高人才培养投资，以及对一系列大胆创新计划予以联邦支持。见：TYSON L. 美国需要有自己积极进取的工业政策来对付中国. 2018-06-26. https://www.marketwatch.com/story/us-needs-to-fight-china-with-its-own-aggressive-industrial-policy-2018-06-22?mod=laura-tyson.

24　这就是艺术史与建筑史家尼古拉斯·佩夫斯纳(Nikolaus Pevsner)写作成果造成的社会效果，见：PEVSNER N, 1960. Pioneers of Modern Design: From William Morris to Walter Gropius. Harmondsworth, Middlesex: Penguin. (1936年初版书名为：Pioneers of the Modern Movement)

25　阿德里安·福蒂：《词语与建筑物：现代建筑的语汇》，第9页。

26　HARVEY D, 1990. The Condition of Postmodernity: An Enquiry into the Origins of Cultural Change. New York: Blackwell. (中译本：戴维·哈维，2003. 后现代的状况——对文化变迁之缘起的探究. 阎嘉，译. 北京：商务印书馆.

27　阿德里安·福蒂：《词语与建筑物：现代建筑的语汇》，第228页。

28　文字参考：夏铸九，2015. 推荐序 // 杨志弘. 移动的城市. 台北：时报出版社.

29 这是大卫·哈维的措辞，以及其他相关统计资料，见：HARVEY D，2016. Realization Crises and the Politics of Everyday Life. Nanjing University, June 7th; HARVEY D，2012. The Rebel of the Cities: From the Right to the City to the Urban Revolution. New York: Verso; HARVEY D，2016. The Way of the World. London: Profile Books; HARVEY D，2018. Marx, Capital and the Madness of Economic Reason. New York: Oxford University Press：172-206.

30 根据微信公号"汉土文化交流中心"2018年1月15日发布的《没有公布的大数据》：一、合理的房价与家庭年收入之比：世界银行的标准是5:1，联合国制定的标准是3:1，中国则是20～30:1，北京、上海、杭州等地甚至达到40:1；二、用于教育、医疗的费用所占生产总值的比例：中国为3.8%，印度为19.7%，美国为21.5%，日本为23.3%；三、1999～2013年间，劳动力工资的增速是11.6%左右，但是财富性收入，比如国企利润增速超过32%，政府土地转让金收入的年均增幅超过33.6%。

31 这也是联合国《基多宣言》所揭示的新都市价值。批判都市规划的封闭性技术观点之后，朝向城市生活的伦理学向度，提出"开放城市"（Open City）的生动鲜活的价值观。可以参考：SENNETT R，2018. Building and Dwelling: Ethics for the City. New York: Farrar, Straus and Giroux.

32 可参考：夏铸九.（认识当前都市中国）经济再结构与变迁的空间结构——都会区域形构、都会治理以及京津冀一体化下的城市重建. 慈湖书院慈湖讲堂，宁波慈城，2015-07-01；夏铸九. 网络中国的经济再结构与区域空间结构变迁——都会区域形构、新都市问题以及都会治理. 中国美术学院跨媒体学院网络研究所第四讲的第三讲，杭州，2015-11-17.

33 譬如说，彼得·埃森曼的博士论文《现代建筑的形式基础》（The Formal Basis of Modern Architecture）就是典型的形式主义思维。他从来没有关心过，也没有结合社会脉络，采取去历史的研究取向，追求建筑的自主性，被曼弗雷多·塔夫里批评割裂了历史，看不懂"二战"时朱塞佩·特拉尼（Giuseppe Terragni）的政治意义，是肤浅的形式主义阅读却还不自知，因此建议他回去好好做设计即可，因为埃森曼特别喜欢背欧洲哲学的书袋，曾able挖苦不如好好回去把握好自己的美式实用主义哲学。1984年埃森曼在哈佛设计学院教书时，特别邀请克里斯托夫·亚历山大（Christopher Alexander）到自己的班上辩论，哪里晓得亚氏这个哈佛建筑博士头脑灵活，辩才无碍，最后埃森曼几乎是自取其辱，成为学生笑柄。辩论记录见：ALEXANDER C，EISENMAN P. Discord over Harmony in Architecture: The Eisenman/Alexander Debate. HGSD News, March/April, 1984：12-17.

34 2018年3月彼得·埃森曼来华讲学，也是其中文版《现代建筑的形式基础》出版之际。经由演讲《再思理论：建筑学，请抵抗！》（江嘉玮，钱晨，译. 时代建筑，第3期，2018-06-11：46-51.），埃森曼仍然不脱纽约左派知识分子的知识傲慢，演讲中提出了很好的问题，几乎是对同济大学师生的知识与政治挑战。埃森曼鼓励思考、理论介入，肯定建筑学院的特殊潜力，推动建筑与社会变迁的巨大动能，期待要懂得抵抗权力（resistant to power），创造"抵抗的建筑学"。他提醒权力能消费阿尔伯蒂的"城乃大宅，宅乃小城"这种部分-整体之间的连续体关系，因此，身处"第二数字时代"（Second Digital Age），建筑较诸过去更容易遭受权力蹂躏。处身全球化情境中的中国并没有例外，中国崛起是经济崛起的表现，这种崛起是技术至上论的结果。他也知道当前在美国当道的民粹主义完全不能解决问题；可是，埃森曼的理论取向无能发挥，他提及众多名字，如20世纪60年代路易·阿图塞（Louis Althusser）在战后法国特殊的历史时势中将马克思主义整修一新的认识论干预（epistemological intervention）力量，他当然也知道自己的演讲无法提供答案，只能期待学院的思考。终究，他所主张的理论与已经采纳的实践方式，并没能发挥理论指导实践的作用，并未能有助于提出解决问题的方向与策略，尤其是对埃森曼自己具有致命吸引力的形式理论（formal theory）。这篇1963年的博士论文执迷在建筑的形式主义迷宫里，早已找不到出路。这是作为发展中国家建筑学院一份子的我们必须牢记的，建筑自主性废墟（the ruins of architectural autonomy）的惨痛教训。这就是塔夫里批评埃森曼时所谓的"更僧侣式和脱离时间式的句法分解"，不可阻挡的衰败过程的"废墟"与"断片"。见：曼弗雷多·塔夫里，2016. 阃中建筑学. 几舍，译注 // 建筑文化研究. 第8辑. 上海：同济大学出版社：99-177.

35 CASTELLS M，2000. The Rise of the Network Society. 2nd edition. Oxford: Blackwell：448-449.（曼威·柯司特，2000. 夏铸九，王志弘，译. 网络社会之崛起. 修订再版. 台北：唐山出版社：467-468.）

36 参见阿德里安·福蒂《词语与建筑物：现代建筑的语汇》第6章。

37 见：ALEXANDER C，ISHIKAWA S，SILVERSTEIN M，1977. A Pattern Language. New York: Oxford University Press; LYNCH K，1981. A Theory of Food City Form. Cambridge, Massachusetts: The MIT Press.

38 HARVEY D，1973. Social Justice and the City. London: Edward Arnold：13.

39 本文高度关心专业词语作为关键词的定义，因此需要补充注解：阿德里安·福蒂在空间的外部性引用的是奥地利德语系的维也纳建筑师卡米诺·西特（Camillo Sitte）1889年的德文书籍《遵循艺术原则的城市营造》(*Der Städtebau nach seinen künstlerischen Grundsätzen*)，此书在1902年就有了法文译本，却一直到1945年才有英文译本（*City Planning According to Artistic Principles*）。然而，问题在于德文städtebau在英文里没有可以代表的字，可以译为city building（城市营造），日后德语则以urbanism为措辞，同样在荷兰、法国、意大利字词的词意都接近urbanism，即，都市规划与设计。这也就是说，欧洲大陆意味着整体设计的哲学观点，因此，不同于盎格鲁-萨克逊在分工趋势与工程技术性规划取向的脉络下，将规划与设计分开对待。因此，相较于英译措辞，此书中译本书名采用"城市建设"是比较恰当的翻译，见：卡米诺·西特，2017. 城市建设艺术：遵循艺术原则进行城市建设. 仲德崑，译. 南京：江苏凤凰科学技术出版社.

40　阿德里安·福蒂：《词语与建筑物：现代建筑的语汇》，第237-253页。

41　CASTELLS M，1977. The Urban Question: A Marxist Approach. Cambridge, Mass.: The MIT Press：vii. (French Original 1972)

42　夏铸九，1992. 理论建筑：朝向空间实践的理论建构. 台北：唐山出版社：259.

43　阿德里安·福蒂：《词语与建筑物：现代建筑的语汇》，第253-254页。LEFEBVRE H，1991. The Production of Space, Oxford: Blackwell：15, 95, 360.

44　LEFEBVRE H，1991. The Production of Space, Oxford: Blackwell：59.

45　MOORE C, BLOOMER K，1977. Body Memory, and Architecture. New Haven: Yale University Press.

46　LYNCH K，1981. Good City Form. Cambridge, Massachusetts: The MIT Press.

47　参考：WARD T，1978. Handmade Housing: A Search for Identity. Architectural Design, 48（7）:480-488；夏铸九，1992. 理论建筑：朝向空间实践的理论建构. 台北：唐山出版社：90-92.

48　见：OTERO-PAILOS J，2010. Architecture's Historical Turn: Phenomenology and the Rise of the Postmodern. Minneapolis, Minnesota: University of Minnesota Press. 若是在更大的社会变动背景下审视空间社会理论的转变，即，现象学与新马克思主义的崛起取代逻辑实证主义及其范式转移，可以参考：SCOTT A，1982. The Meaning of Social Origins of Discourse on the Spatial Foundations of Society// GOULD P，OLSSON G eds.，1982. A Search for Common Ground. London: Pion Limited：141-156. 中译本可见于：艾伦·斯科特，1993. 社会的空间基础之论述的意义和社会根源. 蔡厚男、陈坤宏，译//夏铸九、王志弘，编译，1993. 空间的文化形式与社会理论读本. 台北：明文：11-18.

49　台湾大学建筑与城乡研究所实习课程的主导者刘可强（John K.C. Liu）也是参与这种教学另类模型建构的教师之一，参考：ISHIKAWA S et al, 1976. Introduction to Environmental Design. Department of Architecture, University California, Berkeley, Fall. 相关论点还可以参考：ALEXANDER C et al, 1977. A Pattern Language. New York: Oxford University Press；ALEXANDER C et al, 1987. A New Theory of Urban Design. New York: Oxford University Press；夏铸九，2015. 卅年——对台湾大学建筑与城乡研究所的批判性回顾与展望//建筑文化研究. 第7辑. 上海：同济大学出版社：115-137，注解7.

50　作为社会建筑论述建构的代表之一，见：HATCH R ed.，1984. The Scope of Social Architecture. New York: Van Nostrand Reinhold.

51　对青年时期塔夫里、卡萨贝拉团体、意大利设计方法团体的方法论批评，可见于：LLORENS T，1981. Manfredo Tafuri: Neo-Avant-Garde and History. Architectural Design Profile：83-95.

52　这是密斯在1932年的名言，转引自：阿德里安·福蒂，2018：148.

53　约翰·海杜克1972至1985年在库珀联盟建筑学院所用的建筑教育教材，见：HEJDUK J，1988. Education of An Architect. New York: Rizzoli.

54　ALEXANDER C，1979. The Timeless Way of Building. New York: Oxford University Press.

55　参考：梁文道，我读马克思，微信公号"看理想"，2018-04-17.

56　譬如说，竹林梢头上较技的梦幻表现，可以联系到现实生活中宁波奉化石门山村毛竹林生产过程中的"竹海飞人"空间经验：在台风或大雪来临前，削去竹脑，以减轻竹叶受风与雪压，从而避免损害以利生产。这既是地方的民间技艺，也是地域性的非物质文化遗产。

57　参考：木蹊，《霸王别姬》顶级手稿流出，我们看过的大片，都是这个老爷子撑起的场面。2018-06-17. http://www.sohu.com/a/236229577_99910369；霍廷霄，2018. 杨占家电影美术设计作品集. 北京：北京联合出版公司.

图书在版编目(CIP)数据

空间再现:断裂与修复/夏铸九著. -- 上海:同
济大学出版社,2020.5
(当代史/胡恒主编)
ISBN 978-7-5608-8814-9

Ⅰ.①空… Ⅱ.①夏… Ⅲ.①建筑史 – 台湾 – 文集
Ⅳ.①TU-092

中国版本图书馆CIP数据核字(2019)第255947号

出　版　人⋯⋯华春荣
策　　　划⋯⋯秦蕾/群岛工作室
责任编辑⋯⋯杨碧琼
责任校对⋯⋯徐春莲
装帧设计⋯⋯付超
版　　　次⋯⋯2020年5月第1版
印　　　次⋯⋯2020年5月第1次印刷
印　　　刷⋯⋯上海安枫印务有限公司
开　　　本⋯⋯787mm × 960mm 1/16
印　　　张⋯⋯11.5
字　　　数⋯⋯230 000
书　　　号⋯⋯ISBN 978-7-5608-8814-9
定　　　价⋯⋯68.00元
出版发行⋯⋯同济大学出版社
地　　　址⋯⋯上海市四平路1239号
邮政编码⋯⋯200092

luminocity.cn

光　明　城

LUMINOCITY

"光明城"是同济大学出版社城市、建筑、设计专业出版品牌，由群岛工作室负责策划及出版，致力以更新的出版理念、更敏锐的视角、更积极的态度，回应今天中国城市、建筑与设计领域的问题。